現象数理学入門

三村昌泰――[編]

東京大学出版会

Introduction to Mathematical Modeling and Applications
Masayasu MIMURA, Editor
University of Tokyo Press, 2013
ISBN978-4-13-062916-4

はじめに

　これまで筆者は，数学・数理科学の視点から生命，自然，社会に現れる複雑現象を解明したいという問題意識で研究を進めてきた．その出発点は大学院生の頃であったと思う．ある日，「このモデルを解いてほしい」と1つの方程式が筆者の指導教員であった山口昌哉先生のもとに送られてきた．それは，神経細胞の活動電位の伝播を記述するモデル方程式であり，先生はこの方程式にたいそう興味をもたれ，修士の学生であった筆者もその方程式の研究に参加させていただいた．しかしその翌年，「あの方程式はモデルとして間違っていました．こちらが正しい方程式です」と，新たな方程式が送られてきたのであった．それまでの1年間，筆者らが扱ってきたその方程式がモデルとして間違っていたといわれてたいへん驚いた．というよりも，当時の筆者らは，扱っている方程式が現象を記述するモデルとして正しいとか正しくないかということには関心をもたず，数学の観点からその方程式に興味をもっていたのであった．

　モデル構築（モデリング）をやっているいまでは，その作業は簡単なものではなく，ましてや納得いくモデルをつくることはかなりたいへんな作業であることを実感しているので，モデルが間違っていることがよくあることはわかっているのだが，当時，数学の世界にいた筆者はそのようなことを考えずに，「現象の解明を数学からやりたい」とえらそうなことを思っていた．しかしこの出来事によって，筆者はモデルといわれている方程式に対する考え方が大きく変わった．それ以後，現象の解明に向かうとき，モデリングとモデル解析は分けて考えてはいけない．たとえ，扱う方程式が魅力的であっても，モデルの背景を理解してから，解析を始めなければならないと思うようになったのである．

　しかしながら，「モデリング」と「モデルの解析」は相容れるものではない．なぜなら，現象の数学的記述であるモデリングという作業は，論理の積

み重ねからできあがるものではなく，一方，数学的な視点からモデルを解析する作業は論理の積み重ねという厳密性が要求されるからである．もちろん，数学の世界で解析の対象としてすでに市民権を得ているモデルも少なくない．直接それらの解析が研究対象になっている方程式もある．流体の運動を記述するモデルとして長い歴史をもつナビエ–ストークス方程式はそのよい例であろう．しかしながら，現在，生命・生物現象や社会現象を数理から理解しようという機運が高まっているものの，それらを記述するモデル構築には，物理における第1原理のような処方箋がない．したがって，現象解明におけるモデル構築が重要な作業になってくるのである．

このように，現象の数理的解明には，現象の数学的記述である「モデリング」とモデル解析のための「数学」を融合する難しい作業が要求される．このようなモデルと数学を一括りにする数理科学は，ニュートンや，ポアンカレの業績からわかるように，古くから行われていた．しかし20世紀に入り，数学は厳密な論理という世界において独自に発展してきたことから，2つの作業が離れてしまったといわざるを得ない．しかしながら，21世紀に入り，生命，社会，経済において早急に解決しなければならない難題が増えた．これらの問題を解決するためには，問題となる現象の数学的記述，そしてその解析といった，上で述べた2つの作業を融合することが不可欠である．このことから，いまこそその事実を鮮明に打ち出す必要がある．したがって筆者は現象の数理的解明をミッションにする数理科学を「現象数理学」と名付け，文部科学省の国際競争力のある大学づくりを推進する事業「グローバルCOEプログラム：現象数理学の形成と発展」を展開してきた．

本書は，生命，社会そして経済現象の中からいくつかのトピックスをとり上げ，その分野で国際的に活躍している方々に執筆をお願いすることから誕生した．複雑な現象と数理解析の掛け橋であるモデルを構築することから現象に迫っていく様子を示すとともに，社会への貢献のみならず数学界へフィードバックする現象数理学が現代数学の裾野を広げ，社会に目を向けた数学の確立へとつながる可能性を与えていることを理解していただければ幸いである．

三村昌泰

目 次

はじめに .... *iii*

序章　現象数理学への誘い——自己組織化と反応拡散方程式

　　　　　　　　　　　　　　　　　　　　　　　三村昌泰　*1*

0.1　自己組織化とは *1*
0.2　生物の形づくり *2*
0.3　拡散パラドクス *4*
0.4　自己触媒反応 *10*
0.5　拡散膜でつながった自己触媒反応 *14*
0.6　自己触媒反応拡散系 *16*
0.7　現象数理学的研究の新たなる展開 *20*

第1章　生命情報処理の現象数理——粘菌の迷路解き　　中垣俊之　*27*

1.1　粘菌のエソロジーとダイナミクス *27*
1.2　粘菌の迷路解き *30*
　　1.2.1　迷路解きのエソロジー *30*
　　1.2.2　迷路解きの現象数理 *32*
1.3　周期変動の予測と想起 *35*
　　1.3.1　周期的環境変動下でのエソロジー *35*
　　1.3.2　周期性の想起 *36*
　　1.3.3　時間記憶能の生理的意義 *37*
　　1.3.4　粘菌の多重周期性と位相同期モデル *38*
　　1.3.5　周期摂動の効果のシミュレーション *40*
　　1.3.6　位相同期モデルからみた時間記憶のからくり *40*
　　1.3.7　「エジプトはナイルの賜物である」 *43*

	1.4	現象数理学が解く生命知のからくり	*43*

第 2 章　生物集団の現象数理——アリの集団行動　　　西森　拓　*47*

	2.1	いきものの群れと数理	*47*
		2.1.1　群れるという現象	*47*
		2.1.2　群れるという現象を数理的に表すということ	*48*
	2.2	現象その 1——アリの生態	*49*
		2.2.1　アリの生活史	*50*
		2.2.2　利他的行動	*51*
		2.2.3　役割分化	*52*
		2.2.4　怠けアリの存在	*54*
	2.3	数理その 1——アリの生態の数理	*55*
		2.3.1　利他的行動の現象数理	*55*
		2.3.2　役割分化の数理	*58*
	2.4	現象その 2——アリの採餌行動	*63*
		2.4.1　採餌行動における動員	*63*
	2.5	数理その 2——アリの採餌行動の数理	*65*
		2.5.1　経路自己増強の現象数理モデル	*65*
		2.5.2　トレイルの分岐構造形成の数理モデル	*69*
	2.6	現象と数理モデル	*75*

第 3 章　社会の現象数理——渋滞学入門　　　友枝明保・西成活裕　*79*

	3.1	渋滞学とは?	*79*
	3.2	自己駆動粒子とセルオートマトンモデル	*80*
	3.3	決定論モデルと確率論モデル	*84*
	3.4	確率セルオートマトン	*85*
		3.4.1　TASEP	*85*
		3.4.2　TASEP の定常状態の存在	*91*
		3.4.3　ZRP	*95*
	3.5	確率セルオートマトンを用いた渋滞現象の数理モデリング....	*97*

		3.5.1	交通流モデル（SOVモデル）	*97*
		3.5.2	アリのモデル	*101*
	3.6	最後に——渋滞吸収運転術		*105*

第4章　脳の現象数理——ニューロン，ニューラルネットワーク，行動のモデル　　合原一究・辻　繁樹・香取勇一・合原一幸　*109*

4.1	ノーベル生理学・医学賞をもらった数理モデル	*109*
4.2	神経行動学と数理モデリング	*111*
	4.2.1　アマガエルの発声行動と同期現象	*111*
	4.2.2　アマガエル発声行動の基本数理モデル	*113*
	4.2.3　アマガエル発声行動数理モデルの3体系への拡張と実験的検証	*115*
4.3	ニューロンの数理モデル	*118*
	4.3.1　ニューロンの興奮性とくり返し発火特性	*119*
	4.3.2　2次元ヒンドマーシュ–ローズ方程式（2DHR方程式）の動力学と分岐現象	*121*
	4.3.3　2DHR方程式の分岐現象とくり返し発火特性	*127*
4.4	ニューラルネットワークの数理モデル	*131*
	4.4.1　スパイキングニューロンとシナプスの数理モデル	*131*
	4.4.2　ニューロン集団の数理モデル	*135*
	4.4.3　ニューラルネットワークの動力学と前頭前野の情報表現	*137*
4.5	脳の数理モデルのさらなる発展に向けて	*141*

第5章　伝播の現象数理——インフルエンザ・パンデミック　　斎藤正也・樋口知之　*145*

5.1	感染症対策とシミュレーション	*145*
5.2	感染症伝播モデル	*147*
	5.2.1　SEIRモデルの離散時間・確率過程版	*147*
	5.2.2　乱数の生成方法	*151*

5.3	実際の感染動向とモデルとの比較		*153*
	5.3.1	2009年新型インフルエンザの日本における動向調査	*153*
	5.3.2	シナリオのモデルによる表現	*155*
	5.3.3	観測とシミュレーションの比較	*156*
5.4	モデルの評価		*158*
	5.4.1	状態空間モデルとの対応と尤度の計算	*158*
	5.4.2	粒子フィルタ	*160*
	5.4.3	モデルを評価するスコア	*161*
5.5	計算結果と考察		*163*
5.6	分析のまとめ		*166*

第6章 経済の現象数理——バブルの発生と崩壊の数理　　高安秀樹　*169*

6.1	金融市場の科学の構築	*169*
6.2	バブルの発生と崩壊	*170*
6.3	ミクロな市場価格の変動特性とPUCKモデル	*174*
6.4	市場のポテンシャル力の意味	*182*
6.5	ミクロな市場の特性とランジュバン方程式	*189*
6.6	くりこみとマクロな市場の特性	*191*
6.7	今後の展望——非定常を扱う数理科学の必要性	*193*

索引 *199*

執筆者紹介 *203*

序章

現象数理学への誘い

自己組織化と反応拡散方程式

三村昌泰

0.1 自己組織化とは

　前世紀から急速に発展した科学技術の革新によって我々は多大な恩恵を受けてきた．しかしながら，同時に温暖化，砂漠化，大気汚染などで我々を取り巻く環境が大きく変わり，経済も激しく揺れ動いている．百年前にはこのような事態を予想することができただろうか？　我々を取り巻く社会には，脳，免疫系，インターネット，経済変動など，ダイナミックに変動しながら発展していく複雑なシステムがさまざまな分野で存在している．これらのシステムがもつ複雑さとは，要素の数が非常に多いというだけでなく，それらが複雑に絡み合っていることであろう．実験，観測技術の急激な発展により，社会，生命現象などの解明という難問に対して，精緻で大量のデータの収集が可能となり，その現象を構成する要素の正体が明らかになってきた．すなわち，これまで見えなかったものが見え，知ることができなかったことがわかるようになってきたのである．一方，こうして，膨大な要素間の複雑な絡みが明らかになったことから，現象を理解する難しさがより鮮明になってきたことも事実である．

　今世紀の課題は，この複雑な「絡み」をいかに理解するかということである．我々の周りには，単純な仕組みしかもたない要素であっても，それらが

たくさん集まると，その絡みによって，それらの単なる足し合わせではなく，予想できないような機能や構造が現れるシステムが存在している．そのよい例に脳がある．脳の主役はニューロンであり，個々のニューロンの働きは意外と単純である．脳は膨大な数のニューロンによる巨大なネットワーク（絡み）からできあがっていることから，脳の複雑さ，高度の機能が生まれているのである．もう1つの例として，高速道路での交通渋滞がある．渋滞は事故車や道路工事だけが原因ではない．車の数が増えていくと，自発的に渋滞が発生する．すなわち，各運転者は法定速度内で，車間距離が長くなるとアクセルを踏み，短くなるとブレーキをかけるという単純な作業をしているだけにもかかわらず，渋滞が起こるのである．

このように細胞や個体などの要素が集団となることによって自発的な新しい機能や構造が生まれる現象を自己組織化（渋滞の場合は，自己破壊とよぶべきかもしれないが）という．自己組織化によって現れる現象を解明するためには，個々の要素を調べるという要素還元論的アプローチだけでは不十分であることは明らかであり，多数の要素間の絡み（相互作用）を理解する必要があるのである．

自己組織化という言葉は1947年，精神科医であり，サイバネティクスの先駆者であるアシュビーによって用いられたのが最初であろう[2]．数学，もっと広く数理科学の世界で関心をもたれるようになったのはかなり時が経ってからである．しかしながら，そのような言葉は直接使われなかったが，1950年代に入り，生物の謎を理解するために，自己組織化的な考えが現れた．本章では，それについて簡単に紹介したい．

0.2 生物の形づくり

卵からどうしてさまざまな器官が形成されるのだろうか？　これは大昔からの謎であった．アリストテレスは不思議な力である霊魂（エンテレケイア）が宿っているからだという「後成説」（あるいは生気論）を唱えたが，デカルトは，そんなことはあり得ず，卵の中にすでにそれらの雛形が存在しているの

だという「前成説」（あるいは機械論）を唱えていた．この相反する 2 つの説の間で，お互いの正当性を主張しあう論争が長い間続いたのである．18 世紀頃までは，霊魂など存在しないという一見科学的な解釈である「前成説」が優勢であったが，観察だけではなく，実験が可能となってきたことから，逆に「後成説」が認められるようになってきた．19 世紀に入り，ドイツの生物学者であるドリーシュは，生き物の基本となる発生過程を理解するために卵割実験を行うことによって，「後成説」の立場をとったのだが，その解釈ができないことから，物理や化学の世界には存在しないエンテレヒーという特別な「力」が働いていると考えた [6]．この考えは当時の学会ではまったく認められず，その後彼は生物学から哲学に転向したのであった．長い間「後成説」に，何が働いているのかという問いに対する明解な答はなかったが，20 世紀に入り，大きなブレイクスルーが起こった．それは 1953 年，科学専門誌 *Nature* に掲載されたアメリカの分子生物学者ワトソンとイギリスの生物学者クリックによるわずか 2 ページの論文であった [22]．当時，生き物には複雑な遺伝情報を担う DNA があることは認識されていたのだが，この論文はその DNA の正体を明らかにしたのである．これを契機として，生き物や生命の理解に向けて分子生物学や分子遺伝学という新しい分野が誕生し，遺伝情報が理解することができれば，生命系が解明できるという期待が高まったのであった．

　それでは生き物の遺伝情報を担う遺伝子はいったいどのくらいあるのだろうか？　ヒトの遺伝情報の解析に向けたヒトゲノム計画が 1990 年から始まり，2003 年に終了，遺伝子の数が約 3 万個であることがわかったのである（後に約 2 万個に修正されたといわれるが）[21]．筆者らはその数の少なさに驚くとともに，「この少ない遺伝子によってどうして我々がもっている複雑で高度な機能が構築されるのだろうか？」という素朴な疑問をもったのであった．

　DNA プログラムはコンピュータプログラムによく似ているといわれている．大規模で高速度のコンピュータは複雑で膨大な数式を解くために有効であることは間違いないが，それ自体では役に立たず，それを指令するプログラムが必要である．同様の関係は料理におけるレシピと料理人にも当てはまるだろう．これらの例は物事を進めるときには「指令する者」と「それを実行する

者」がいることを示唆している．ワトソンとクリックの論文が世に出るほぼ1年前の1952年，数学者，暗号解読者であり，計算機科学の父といわれているチューリングは生物系において重要なイベントである細胞分化や形態形成には指令する者と実行する者がいるのではないかという考えを「The chemical basis of morphogenesis」という論文に書き，生物系の雑誌に発表した[19]．この雑誌の読者の大半が数学の非専門家であることから，彼は冒頭において「この論文を理解するためには，数学そして少しの生物学と化学の知識が必要だが，それらに関して基本的なところから説明する」とていねいに述べている．彼は，生物に現れる形態形成の説明に，細胞内に含まれる形態因子である化学物質が，化学反応（物質間の相互作用）と拡散膜（物質が濃度の高い方から低い方に流れる細胞間の膜）という2つの非生物的な仕組みで形成が自発的（自己組織的）に起こるのではないかという大胆な考えを発表したのであった．

　もう少し説明しよう．いま多数の細胞が拡散膜で結合されているとし，すべての細胞内の化学物質濃度が同じ平衡状態をとっているとする．このとき，ある細胞内の物質に擾乱が入り，濃度が変化したとしよう．このとき，我々の常識では，細胞間の濃度に差ができても，拡散膜の性質から，やがてその差はなくなっていくと思うだろう．だが，チューリングは，細胞が拡散膜で結合されていても，濃度差は逆に徐々に増えていくことがあるという，我々の常識を覆すパラドクスを単純な微分方程式系を使い，安定性解析という数学を使って示したのである．チューリングが主張した重要なポイントは，拡散パラドクスを示すために安定性理論が使えるという数学の素晴らしさを示したことではなくて，我々の常識を破るパラドクスが起こることを，簡単な微分方程式で示したことである．

0.3　拡散パラドクス [13]

　チューリングの主張した拡散パラドクスを簡単に説明しよう．彼は，動物の表皮に現れるさまざまな模様ができる仕組みの理解を念頭において次のよ

うに考えた．黒い色のメラニン色素をつくり出す色素細胞には，それを増やす活性体，そしてそれを抑える抑制体という 2 つの相反する化学物質（形態因子）が存在し，活性体の化学物質は自ら増えるが，同時に自分自身の増殖を抑える抑制体の化学物質をつくり出すことによって活性体と抑制体の化学物質は安定にバランスをとった状態に保たれていると仮定する．ここで，この性質をもった細胞を多数の拡散膜でつなげる状況を考える．いま，どれかの細胞内に擾乱が入って濃度変化が生じたとする．このとき，拡散膜の性質から，各細胞間の因子濃度の差はやがてなくなっていき，すべての細胞内の因子濃度は等しくなることが予想される．したがって各細胞内の物質濃度は単独の細胞と同じような安定した状態になると考えられるだろう．しかしながら，彼は，もしも拡散膜が活性因子はあまり通さず，抑制因子はよく通す性質をもっているならば，必ずしもこのような状況にはならないと主張したのである．それは以下の理由による．ここではもっとも単純な場合として，2 つの細胞（C_1, C_2 としよう）を考え，それらが拡散膜でつながっているとする．いま細胞 C_1 内の活性因子濃度が高くなったとしよう．そうすれば，それを抑えるために抑制因子濃度も高くなる．その結果，2 つの因子は拡散膜を通して細胞 C_2 内に流れ込むことになる．このとき拡散膜の性質から，C_1 内の抑制因子は C_2 内には流れ込むが，活性因子はあまり流れ込まない．その結果，C_1 内の抑制因子は減少することから，活性因子とのバランスが崩れ，その結果活性因子が増えていく．こうして C_1 内の抑制因子もまた増えることになるが，先程のプロセスと同じように，C_2 内に流れ込むことになる．この結果をくり返すことから，C_1 と C_2 内の両因子濃度の差はどんどん大きくなっていく，つまり，拡散のパラドクスが起こることが予想されるだろう．

このストーリーが正しいかどうかを，彼が用いた式を使って説明しよう．時刻 t における 2 つの未知変数 $x(t), y(t)$ に対して次の常微分方程式を考える：

$$\begin{aligned} x_t &= 5x - 6y, & t > 0, \\ y_t &= 6x - 7y, & t > 0. \end{aligned} \tag{0.1}$$

ここで，$x(t), y(t)$ は細胞内の活性，抑制因子（それぞれ X, Y としよう）の濃度をイメージしているが，現実に何らかの生物現象のモデルとして考えている

わけではないことに注意しておく．$x_t = \dfrac{dx}{dt}$ とし，$x(t)$ の導関数を表す．y_t も同様である．(0.1) の平衡点は $(x, y) = (0, 0)$ である．この平衡点に擾乱が入ったとしよう．このとき，2 つの因子はどのような影響を受けるのだろうか．(0.1) は線形常微分方程式であるので，解 $(x(t), y(t))$ は定数 a, b に対して，$(x(t), y(t)) = (a, b) \exp(\lambda t)$ とおいて求めることができる．これを (0.1) に代入すると，特性方程式 $\lambda^2 + 2\lambda + 1 = (\lambda + 1)^2 = 0$ が得られ，$\lambda = -1$ となる．このことから (0.1) の解 $(x(t), y(t))$ はどのような初期値から出発しても時間が経つと，$(0, 0)$ に収束することがわかる．すなわち，擾乱は時間とともに消えていくのである．安定性の言葉でいえば，(0.1) の平衡点 $(0, 0)$ は漸近安定である．

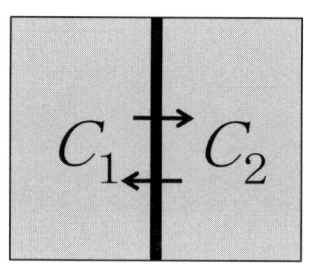

図 **0.1** 拡散膜で結合している 2 つの細胞．

いま，この性質をもった 2 つの細胞を C_1, C_2 とし，図 0.1 のように拡散膜で結合されているとしよう．ここで，時刻 t における細胞 C_i における因子濃度をそれぞれ $(x_i(t), y_i(t))(i = 1, 2)$ とする．このとき，(x_1, y_1) と (x_2, y_2) は拡散膜を通してお互いにどのような影響を受けるのだろうか？拡散膜の性質から，次の常微分方程式系がつくられる．

$$\begin{aligned} x_{1t} &= 5x_1 - 6y_1 + d_x(x_2 - x_1), & t > 0, \\ y_{1t} &= 6x_1 - 7y_1 + d_y(y_2 - y_1), & t > 0, \\ x_{2t} &= 5x_2 - 6y_2 + d_x(x_1 - x_2), & t > 0, \\ y_{2t} &= 6x_2 - 7y_2 + d_y(y_1 - y_2), & t > 0. \end{aligned} \quad (0.2)$$

ここで，d_x, d_y はそれぞれ x, y に対する拡散膜の透過率であり，それぞれ正

定数である．たとえば，$d_x > d_y$ ならば，膜を通して，X は Y よりも流れやすいことを意味する．(0.2) の解 $(x_1(t), y_1(t); x_2(t), y_2(t))$ の挙動を調べよう．まず，(0.2) の平衡点は $(0, 0; 0, 0)$ である．これは 2 つの細胞は同じ平衡状態 $(0, 0)$ をとっていることを意味している．この状態に擾乱が入ったとする．それは時間が経つと減少するのだろうか？　それとも増大するのだろうか？　それを調べるために，

$$x_+ = x_1 + x_2, \quad x_- = x_1 - x_2,$$
$$y_+ = y_1 + y_2, \quad u_- = y_1 - y_2 \tag{0.3}$$

と新しい変数 x_+, x_-, y_+, y_- を導入すると，(0.2) は次のように書き換えられる．

$$x_{+t} = 5x_+ - 6y_+, \qquad t > 0,$$
$$y_{+t} = 6x_+ - 7y_+, \qquad t > 0, \tag{0.4a}$$

$$x_{-t} = 5x_- - 6y_- - 2d_x x_-, \quad t > 0,$$
$$y_{-t} = 6x_- - 7y_- - 2d_y y_-, \quad t > 0. \tag{0.4b}$$

このとき，(0.4a), (0.4b) は (x_+, y_+) と (x_-, y_-) の式に分離されていることがわかる．(0.4a) は (0.1) と同じ方程式であることから，解 $(x_+(t), y_+(t))$ は時間が経つと減少し，0 になっていく．次に (0.4b) の解 $(x_-(t), y_-(t))$ の挙動を調べる．(0.4b) の特性方程式は $\lambda^2 + 2(d_x + d_y + 1)\lambda + (2d_x - 5)(2d_y + 7) + 36 = 0$ となるので，$D(d_x, d_y) = (2d_x - 5)(2d_y + 7) + 36$ とおくと，$D(d_x, d_y) > 0$ ならば，解 λ の実部はともに負，$D(d_x, d_y) < 0$ ならば，解 λ は実数であり，1 つは正，もう 1 つは負となることがわかるので，(0.4b) に対して次が成り立つ．

(i) $D(d_x, d_y) > 0$ ならば，任意の解 $(x_-(t), y_-(t))$ は $(0, 0)$ に収束する，つまり $(0, 0)$ は漸近安定である．すなわち，$x_1(t)$ と $x_2(t)$，$y_1(t)$ と $y_2(t)$ の差は減少して 0 になっていく．

(ii) $D(d_x, d_y) < 0$ ならば，適当な初期値のもとで解 $(x_-(t), y_-(t))$ は $(0, 0)$

から離れていく，つまり $(0,0)$ は不安定である．すなわち，$x_1(t)$ と $x_2(t)$，$y_1(t)$ と $y_2(t)$ の差はどんどん大きくなっていく．

以上の結果から，(0.2) の解 $(x_1(t), y_1(t); x_2(t), y_2(t))$ の挙動は拡散率 d_x, d_y の値に依存することがわかる．(i) の場合には，初期時刻に 2 つの同じ状態 $(0, 0; 0, 0)$ に擾乱が入ることから因子濃度に差ができてもそれはやがて減衰していき，元の状態 $(0, 0; 0, 0)$ に戻る．これは拡散膜の性質を考えると自明な結果であろう．(ii) の場合は細胞間の因子濃度差を減らす効果をもつ拡散膜で 2 つの細胞をつないでも，濃度差を減らす方向に働かずに，濃度差がどんどん広がる．図 0.2 は (d_x, d_y) 平面の第 1 象限において (0.2) の平衡点 $(x_1, y_1; x_2, y_2) = (0, 0; 0, 0)$ の漸近安定，不安定領域を図示したものである．このことから，2 つの細胞が拡散膜でつながれていても，細胞が同じ状態であるという $(0, 0; 0, 0)$ は必ずしも安定にはならず，不安定化するという拡散パラドクスが起こるのである．これを「拡散誘導不安定化」という．

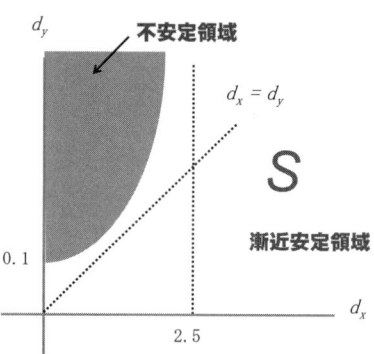

図 **0.2** (0.2) の平衡点 $(0, 0; 0, 0)$ の安定，不安定領域．

以上の結果をもう少し具体的に説明する．$d_x = 1, d_y = 1$ としよう．このとき，$D(1, 1) = 9$ となり，(i) の場合になるから，擾乱が入って 2 つの細胞内の因子濃度に差が生じても，その差はなくなっていく（図 0.3(a)）．しかしながら，もしも何らかの指令によって d_x の値が 1 から 0.1 に変化したとしよう．このとき，D の値は $D(0.1, 1) = -7.2$ となり (ii) の場合になる．すなわち，拡散誘導不安定化によって，擾乱から生じた濃度差がわずかであっても，

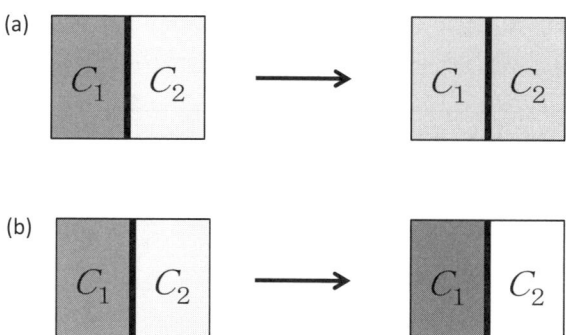

図 **0.3** 細胞 C_2 に擾乱が入った系．(a) $d_x = d_y = 1$ ((0,0;0,0) が漸近安定) の場合，(b) $d_x = 0.1, d_y = 1$ ((0,0;0,0) が不安定) の場合．

その差はだんだんと大きくなっていくのである（図 0.3(b)）．

以上の議論は細胞数が多い場合でも同様に成り立つ．たとえば，10 個の細胞が 9 つの拡散膜で結合されているとしよう．細胞 C_i 内の 2 つの因子濃度を $(x_i, y_i)(i = 1, 2, \ldots, 10)$ とすると，(0.2) に対応して 20 個の未知変数 $(x_1, x_2, \ldots, x_{10}; y_1, y_2, \ldots, y_{10})$ に対する微分方程式が与えられる．ここで，図 0.4(a) のように，左から 3 番目の細胞 C_3 内に擾乱によって因子濃度 x_3 が少し増えたとする．このとき，もしも拡散率 d_x と d_y の値が (ii) の場合に対応する拡散誘導不安定化が起こる状況であるならば，10 個の細胞内の因子

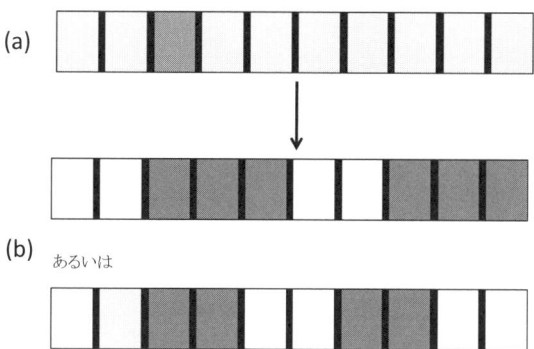

図 **0.4** 10 個の細胞において擾乱が入り拡散誘導不安定化が生じてある特徴をもった構造が出現する空間パターン．

濃度間の差が大きくなり，図 0.4(b) のように全体としてある構造をもったパターン（模様）が現れるのである．ここで強調したいことは，全体としてある構造をもった空間パターンを形成するために，各細胞にどのような濃度をとらなければならないのかという情報を与える必要はなくて，拡散膜の透過率が少し変化するという情報だけを与えれば，その後は微分方程式がもつ仕組みによって全体としての空間パターンを形成する，つまり全体としての構造が自己組織的につくり上げていくということである．

この結果から，チューリングは生物系に現れる細胞分裂や，形態形成などには，「指令する者」と「それを実行する者」がいて，指令する者は遺伝情報のような「生物的な情報」（上の例では拡散率の変化）を与えるだけで，実行する者は「非生物的仕組み」（上の例では，拡散と因子間の相互作用を与える微分方程式）であろうとの仮説を立てたのであった．もしもこの仮説が正しければ，生物的仕組みがすべてのプロセスを支配しているのではなく，わずかな情報で指令を与えるだけであり，その後は非生物的仕組みで起こるということである．この考えはまさしくアシュビーが [2] で提唱した自己組織化の考え方なのである．さらに，このことは，「指令する者」だけを調べるだけでは理解できないという大胆な仮説でもあった．しかしながら，チューリングがこの仮説を立てた 1950 年代の生物界は，ワトソン，クリックの結果を契機として分子生物学や分子遺伝学が誕生し，指令する者の正体がわかれば，生命，生物系が理解できると期待されていた時代であった．このことから，彼の考えは時代に逆行しており，彼の用いた微分方程式は生物系を記述する固有モデルではなく，生物学の専門家でない者が数学を使って考え出した机上の空論であると片付けられたのである．チューリングはこの考えを出した 2 年後にこの世を去り，反論する機会がなかったことは誠に残念である．

0.4 自己触媒反応

チューリングの提唱した拡散誘導不安定化は机上の空論なのだろうか？そして非生物的仕組みから生じる自己組織化現象は現実の世界には存在しない

図 0.5 亞塩素酸–ヨウ素–マロン酸 (CIMA) 反応に現れるチューリングパターン [16]. (a) 黒色斑点パターン，(b) 縞パターン，(c) 白色斑点パターン.

のであろうか？ この疑問に対する答は 40 年間ほど待たなければならなかった．1990 年代に入り，ゲルをもちいた酸化還元反応において，チューリングの考え（レシピ）にもとづいて実験環境をつくることから，図 0.5 のように，あたかも魚の表皮にみられるような斑点や縞模様のパターンが観察されたのである [5, 16]．これはチューリングの「拡散パラドクス」が，数学の世界だけでなく，現実の化学反応系（化学モデル）で現れた最初の結果である．

以下では，その反応のスケルトンモデルと考えられる自己触媒反応をとり上げ，それを記述する数学モデルに対してチューリングの主張した拡散誘導不安定化が起こることを示そう．ここでは 2 つの反応物質 U, V に対して次のような反応過程を考える [18]．

$$
\begin{align}
&\text{(p1)} \quad A \to U, \\
&\text{(p2)} \quad B \to V, \\
&\text{(p3)} \quad 2U + V \to 3U, \\
&\text{(p4)} \quad U \to P.
\end{align}
$$

ここで，A, B はそれぞれ外部から供給される反応物質 U, V であり，P は U の生成物質である．反応過程 (p3) は，反応物質 U は V を触媒として，どんどん増えていくことを示しており，(p4) は，U は生成物質 P をつくり出すために消費されることを示している．自己触媒反応過程 (p1)–(p4) は，あたかも我々が食べ物を摂取し，それをエネルギーとして消費している状況とよく似ているであろう．

まず，反応物質 U, V は容器内でよく撹拌されており，空間一様になってい

る状況を考える．このとき，時刻 $t > 0$ での U, V の反応物質濃度をそれぞれ $u(t), v(t)$ とすると，反応速度論から，それらの時間変化は次の常微分方程式で記述される．

$$\begin{aligned} u_t &= k_1 u_e - k_4 u + k_3 u^2 v, & t &> 0, \\ v_t &= k_2 v_e - k_3 u^2 v, & t &> 0 \end{aligned} \quad (0.5)$$

ここで $k_i (i = 1, 2, 3, 4)$ はそれぞれ反応過程 (p1)–(p4) の反応率とし，すべて正定数とする．u_e, v_e は外部から単位時間当たりに供給される U, V の濃度である．(0.5) は適当な変数変換を行うことにより，非負定数 a, b に対して

$$\begin{aligned} u_t &= a - u + u^2 v = f(u, v; a), & t &> 0, \\ v_t &= b - u^2 v = g(u, v; b), & t &> 0 \end{aligned} \quad (0.6)$$

となる．(0.6) に対する初期条件を

$$u(0) = u_0 > 0, \quad v(0) = v_0 > 0 \quad (0.7)$$

とする．議論を進める前に，初期値問題 (0.6), (0.7) の解 $(u(t), v(t))$ は正であり，任意の $t > 0$ に対して存在することに注意する．まず $a = b = 0$，つまり，外部からの供給がない場合（これを閉鎖（閉じた）系という）について考えよう．このとき (0.6) は

$$\begin{aligned} u_t &= f(u, v; 0) = -u + u^2 v, \\ v_t &= g(u, v; 0) = -u^2 v \end{aligned} \quad (0.8)$$

となる．(0.8), (0.7) の解 $(u(t), v(t))$ の挙動は相平面での解軌道を調べる（相平面解析法という）ことから，初期値 (u_0, v_0) に依存した正定数 v_∞ が存在して，

$$\lim_{t \to \infty} (u(t), v(t)) = (0, v_\infty) \quad (0.9)$$

が成り立つことがわかる．この結果は，触媒である V は外部からの供給がないこと，また，U は時間が経過すると生成物質 P をつくり出すために消費されることからも直感的に予想できるであろう．

次に，(0.6) に対して外部からの供給がある $(a>0, b>0)$ 場合（これを開放（開かれた）系という）を考えよう．平衡点は $(u_s, v_s) = ((a+b), b(a+b)^{-2})$ である．(0.6), (0.7) の解 $(u(t), v(t))$ の挙動は，相平面解析法と平衡点 $(u_s, v_s) = ((a+b), b(a+b)^{-2})$ の近傍での線形化方程式の解の振る舞いを組み合わせることから調べることができる．ここではとくに平衡点 (u_s, v_s) の近傍での解の挙動に注目する．まず，平衡点 (u_s, v_s) を (0,0) に移動するように $u = \alpha + u_s, v = \beta + v_s$ とおき，変数 (u,v) を (α, β) に変換すると，(0.6) は，未知変数 (α, β) に対して

$$\begin{aligned} \alpha_t &= f(\alpha + u_s, \beta + v_s; a), \quad t > 0, \\ \beta_t &= g(\alpha + u_s, \beta + v_s; b), \quad t > 0 \end{aligned} \quad (0.10)$$

となる．こうして，平衡点 (u_s, v_s) の近傍での解 $(u(t), v(t))$ の挙動を調べる代わりに，平衡点 (0,0) の近傍での解 $(\alpha(t), \beta(t))$ の挙動を調べる．そこで，(0.10) の線形化方程式を考えると，未知変数 $(\underline{\alpha}, \underline{\beta})$ に対して

$$\begin{aligned} \underline{\alpha}_t &= f_u(u_s, v_s; a)\underline{\alpha} + f_v(u_s, v_s; a)\underline{\beta}, \quad t > 0, \\ \underline{\beta}_t &= g_u(u_s, v_s; b)\underline{\alpha} + g_v(u_s, v_s; b)\underline{\beta}, \quad t > 0 \end{aligned} \quad (0.11)$$

となる．ここで，

$$\begin{aligned} f_u(u_s, v_s; a) &= 2u_s v_s - 1, & f_v(u_s, v_s; a) &= u_s^2, \\ g_u(u_s, v_s; b) &= -2u_s v_s, & g_v(u_s, v_s; b) &= -u_s^2 \end{aligned} \quad (0.12)$$

である．(0.11) に対して特性方程式は

$$\lambda^2 - (f_u + g_v)\lambda + (f_u g_v - f_v g_u) = 0 \quad (0.13)$$

となる．ここで a, b に対して

$$\begin{aligned} f_u(u_s, v_s; a) &= 2u_s v_s - 1 = -\frac{a-b}{a+b} > 0, \\ f_u(u_s, v_s; a) + g_v(u_s, v_s; a) &= 2u_s v_s - 1 - u_s^2 \\ &= -\frac{a-b}{a+b} - (a+b)^2 < 0 \end{aligned} \quad (0.14)$$

を満たすと仮定しよう．このとき $f_u g_v - f_v g_u = u_s^2 > 0$ に注意すると，(0.13) の解 λ の実部はともに負となる．したがって，(0.11) の平衡点 $(\underline{\alpha}, \underline{\beta}) = (0,0)$ は漸近安定，すなわち，(0.6) の平衡解 (u_s, v_s) は局所的に漸近安定であることがわかる．つまり，(0.6) において平衡点 (u_s, v_s) に微小擾乱が入ると，解 $(u(t), v(t))$ は

$$\lim_{t \to \infty} (u(t), v(t)) = (u_s, v_s)$$

となる．このことは，反応物質 U, V は開放系 (0.6) に対して反応と供給のバランスによって，十分時間が経つと，平衡状態に落ち着くことを意味している．

0.5 拡散膜でつながった自己触媒反応

前節で議論したように，(0.10) に対して，2 つの細胞 C_1, C_2 が拡散膜でつながっている状況を考えよう．C_i 内の濃度を $(u_i(t), v_i(t))(i = 1, 2)$ とすると，それらを満たす微分方程式は

$$\begin{aligned}
u_{1t} &= f(u_1, v_1, a) + d_u(u_2 - u_1), & t > 0, \\
v_{1t} &= g(u_1, v_1, b) + d_v(v_2 - v_1), & t > 0, \\
u_{2t} &= f(u_2, v_2, a) - d_u(u_2 - u_1), & t > 0, \\
v_{2t} &= g(u_2, v_2, b) - d_v(v_2 - v_1), & t > 0
\end{aligned} \quad (0.15)$$

となる．ここで，d_u, d_v は U, V の膜を通しての拡散（透過）率であり，それぞれ正定数である．(0.15) に対して，まず，閉鎖系 ($a = b = 0$) の場合を考える．

$$\begin{aligned}
u_{1t} &= -u_1 + u_1^2 v_1 + d_u(u_2 - u_1), & t > 0, \\
v_{1t} &= -u_1^2 v_1 + d_v(v_2 - v_1), & t > 0, \\
u_{2t} &= -u_2 + u_2^2 v_2 - d_u(u_2 - u_1), & t > 0, \\
v_{2t} &= -u_2^2 v_2 - d_v(v_2 - v_1), & t > 0.
\end{aligned} \quad (0.16)$$

このとき，平衡点は任意の $k>0$ に対して $(u_1,v_1;u_2,v_2)=(0,k;0,k)$ である．(0.16) に対して，$u_\pm = u_1 \pm u_2, v_\pm = v_1 \pm v_2$ とおくと，

$$\begin{aligned} u_{+t} &= -u_+ + u_1^2 v_1 + u_2^2 v_2, & t>0, \\ v_{+t} &= -u_1^2 v_1 - u_2^2 v_2, & t>0, \\ u_{-t} &= -u_- + u_1^2 v_1 - u_2^2 v_2 - 2d_u(u_2-u_1), & t>0, \\ v_{-t} &= -u_1^2 v_1 + u_2^2 v_2 - 2d_v(v_2-v_1), & t>0 \end{aligned} \quad (0.17)$$

となる．ここで $u_1=(u_++u_-)/2, u_2=(u_+-u_-)/2, v_1=(v_++v_-)/2,$ $v_2(v_+-v_-)/2$ である．(0.17) は (0.4) のように，(u_+,v_+) と (u_-,v_-) に分離した式ではないが，平衡点は任意の $k>0$ に対して $(u_+,v_+;u_-,v_-)=(0,2k;0,0)$ であることに注意し，(u_-,v_-) の $(0,0)$ 近傍の挙動を調べる．そのために，$(0,0)$ の周りでの線形化方程式を考えると，(0.17) より，未知変数 (α_-,β_-) に対して

$$\begin{aligned} \alpha_{-t} &= -\alpha_- - 2d_u\alpha_-, & t>0, \\ \beta_{-t} &= -2d_v\beta_-, & t>0 \end{aligned} \quad (0.18)$$

となることから，$\alpha_-(t),\beta_-(t)$ は時間とともに 0 になっていく，すなわち，微小摂動のもとでは，$u_1(t)$ と $u_2(t),v_1(t)$ と $v_2(t)$ の差は減少していくことから，閉鎖系 (0.8) には拡散誘導不安定化が起こらないことがわかる．

次に (0.15) に対して開放系 ($a>0, b>0$) の場合を考える．このとき，平衡点は $(u_1,v_1;u_2,v_2)=(u_s,v_s;u_s,v_s)$ である．その周りで (0.15) の線形化方程式は $(\alpha_1,\beta_1;\alpha_2,\beta_2)$ に対して

$$\begin{aligned} \alpha_{1t} &= f_u(u_s,v_s;a)\alpha_1 + f_v(u_s,v_s;a)\beta_1 + d_u(\alpha_2-\alpha_1), & t>0, \\ \beta_{1t} &= g_u(u_s,v_s;b)\alpha_1 + g_v(u_s,v_s;b)\beta_1 + d_v(\beta_2-\beta_1), & t>0, \\ \alpha_{2t} &= f_u(u_s,v_s;a)\alpha_2 + f_v(u_s,v_s;a)\beta_2 - d_u(\alpha_2-\alpha_1), & t>0, \\ \beta_{2t} &= g_u(u_s,v_s;b)\alpha_2 + g_v(u_s,v_s;b)\beta_2 - d_v(\beta_2-\beta_1), & t>0 \end{aligned} \quad (0.19)$$

となる．そこで変数 $\alpha_\pm=\alpha_1\pm\alpha_2, \beta_\pm=\beta_1\pm\beta_2$ を導入すると，(0.19) は

$$\alpha_{+t} = f_u(u_s, v_s; a)\alpha_+ + f_v(u_s, v_s; a)\beta_+, \qquad t > 0,$$
$$\beta_{+t} = g_u(u_s, v_s; b)\alpha_+ + g_v(u_s, v_s; b)\beta_+, \qquad t > 0, \quad (0.20\text{a})$$
$$\alpha_{-t} = f_u(u_s, v_s; a)\alpha_- + f_v(u_s, v_s; a)\beta_- - 2d_u\alpha_-, \quad t > 0,$$
$$\beta_{-t} = g_u(u_s, v_s; b)\alpha_- + g_v(u_s, v_s; b)\beta_- - 2d_v\beta_-, \quad t > 0 \quad (0.20\text{b})$$

となる．ここで，a, b は (0.14) を満たしているとすれば，(0.20a) は (0.11) と同じ式なので，$(\alpha_+(t), \beta_+(t))$ は時間とともに 0 に収束することがわかる．一方，(α_-, β_-) に関して (0.20b) の特性方程式は

$$\lambda^2 - (f_u + g_v - 2(d_u + d_v))\lambda + (f_u - 2d_u)(g_v - 2d_v) - f_v g_u = 0 \quad (0.21)$$

となる．ここで，(0.12) から，$f_u + g_v - 2(d_u + d_v) < 0$ は明らかである．したがって，$D(d_u, d_v) = (f_u - 2d_u)(g_v - 2d_v) - f_v g_u$ とおくと，(0.18) の平衡点 $(\alpha_-, \beta_-) = (0, 0)$ は

(i) $D(d_u, d_v) > 0$ ならば，漸近安定，

(ii) $D(d_u, d_v) < 0$ ならば，不安定

となる．したがって，反応物質の供給がある場合には，拡散率 d_u, d_v が (ii) を満たすとき，チューリングの主張した拡散誘導不安定化が起こることがわかる．

ここで強調したいことは，0.3 節で紹介したチューリングが用いた単純な線形常微分方程式 (0.1) は何らかの現象を記述するモデルとして用いられたものではなかったが，そこで議論された拡散誘導不安定化はこの節で述べた自己触媒化学反応に現れるものと定性的に同じであること，つまり，チューリングが紹介した簡単な微分方程式 (0.1) は拡散誘導不安定化の本質なところを示すメタファーとなっていることである．

0.6 自己触媒反応拡散系

前節で得られた結果は拡散性物質の容器内で反応過程を考える連続系にも

拡張できる．以下では，議論を簡単にするために，自己触媒反応 (p1)–(p4) を空間 1 次元区間において考える．このとき，時刻 $t > 0$, 場所 x での化学物質濃度をそれぞれ $u(t,x), v(t,x)$ とすると，それらの時空間変化は，(0.6) より次の反応拡散方程式系で記述される．

$$\begin{aligned} u_t &= d_u u_{xx} + f(u,v;a), \quad t>0, \quad 0<x<L, \\ v_t &= d_v v_{xx} + g(u,v;b), \quad t>0, \quad 0<x<L \end{aligned} \quad (0.22)$$

ここで，d_u, d_v は u, v の拡散率，L は区間の長さとし，ともに正定数である．(0.22) に対する初期条件は

$$\begin{aligned} u(0,x) &= u_0(x) \geq 0, \quad 0 \leq x \leq L, \\ v(0,x) &= v_0(x) \geq 0, \quad 0 \leq x \leq L \end{aligned} \quad (0.23)$$

とする．ここで，$u_0(x), v_0(x)$ はともに恒等的には 0 ではないとする．境界 $x = 0, L$ において物質の流れはないとして，零流量境界条件

$$\begin{aligned} u_x(t,x) &= 0, \quad t>0, \quad x=0,L, \\ v_x(t,x) &= 0, \quad t>0, \quad x=0,L \end{aligned} \quad (0.24)$$

を仮定する．まず，供給のない ($a = b = 0$) 閉鎖系を考える．このとき (0.22) は

$$\begin{aligned} u_t &= d_u u_{xx} + f(u,v;0), \quad t>0, \quad 0<x<L, \\ v_t &= d_v v_{xx} + g(u,v;0), \quad t>0, \quad 0<x<L \end{aligned} \quad (0.25)$$

となる．初期，境界条件 (0.23), (0.24) のもとで，(0.25) を考えるとき，解 $(u(t,x), v(t,x))$ の漸近挙動に対して次の結果が知られている．初期関数 $(u_0(x), v_0(x))$ に依存した定数 $\underline{v}_\infty > 0$ が存在して，

$$\lim_{t \to \infty} (u(t,x), v(t,x)) = (0, \underline{v}_\infty)$$

が成り立つ [7]．

このように，(0.23), (0.24) のもとでは閉鎖型の反応拡散系 (0.25) の解 $(u(t,x), v(t,x))$ は時間が経過すると空間一様になり，常微分方程式系 (0.8)

0.6 自己触媒反応拡散系　　17

の漸近挙動 (0.9) と定性的に同じであり，拡散の性質から容易に予想できる結果となる．こうしてチューリングの主張した拡散誘導不安定化は起こらないことがわかる．

次に (0.22) に対して開放系 ($a > 0, b > 0$) を考えよう．まず (0.6) の平衡解 (u_s, v_s) が (0.22), (0.24) の空間一様な平衡解であることに注意する．ここでは正定数 a, b が条件 (0.14) を満たしているとき，この解が拡散誘導不安定化をするかどうかを調べる．そのために (u_s, v_s) の周りで (0.15) の線形方程式を考えると，未知変数 (α, β) に対して

$$\begin{aligned} \alpha_t &= d_u \alpha_{xx} + f_u(u_s, v_s; a)\alpha + f_v(u_s, v_s; a)\beta, \quad t>0, 0<x<L, \\ \beta_t &= d_v \beta_{xx} + g_u(u_s, v_s; b)\alpha + g_v(u_s, v_s; b)\beta, \quad t>0, 0<x<L \end{aligned} \quad (0.26)$$

となる．(0.26) に対して境界条件は

$$\alpha_x = \beta_x = 0, \quad t > 0, \quad x = 0, L \quad (0.27)$$

である．ここで，$k = n\pi/L (n = 0, 1, \ldots)$ とおいて，(0.26), (0.27) の解を $(\alpha, \beta)(t, x) = (a, b) \exp(\lambda t) \cos kx$ で求めると，特性方程式は (0.21) とよく似た

$$\lambda_k^2 - (f_u + g_v - k^2(d_u + d_v))\lambda_k + (f_u - k^2 d_u)(g_v - k^2 d_v) - f_v g_u = 0$$
$$(n = 0, 1, \ldots) \quad (0.28)$$

となる．$k = 0$ のとき，(0.28) は (0.21) と一致するので，(0.14) を仮定すると，λ_0 の実部は負となることは明らかである．一方，k が非常に大きいときには，$f_u + g_v - k^2(d_u + d_v) < 0, (f_u - k^2 d_u)(g_v - k^2 d_v) - f_v g_u > 0$ であるから，λ_k の実部はやはり負となる．これらのことから，平衡解 (u_s, v_s) は k が非常に小さい，あるいは大きいときには（線形の意味で）漸近安定であることがわかる．それ以外の k に対してはこれまでと同様の議論ができて，$D(k : d_u, d_v) = (f_u - k^2 d_u)(g_v - k^2 d_v) - f_v g_u$ とおくと，(0.22) の平衡解 (u_s, v_s) は

(i) $D(k : d_u, d_v) > 0$ ならば，漸近安定，

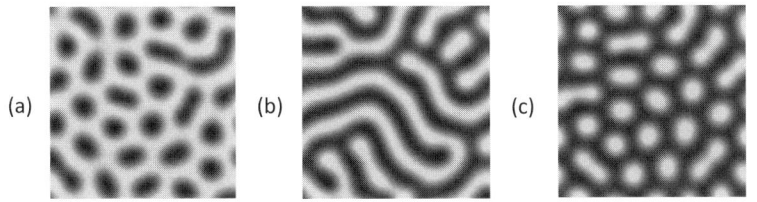

図 **0.6** (0.29) に現れる 2 次元チューリングパターン．(a) 黒色斑点パターン，(b) 迷路パターン，(c) 白色斑点パターン．

(ii) $D(k : d_u, d_v) < 0$ ならば，不安定

となる．つまり，d_u, d_v が (0.14) を満たすとき，適当な k の値に対して，(ii) が成り立つことから，拡散誘導不安定化が起こることがわかる．

このような拡散誘導不安定化の議論は (x, y) 平面上の 2 次元有界領域 Ω における反応拡散系

$$
\begin{aligned}
u_t &= d_u(u_{xx} + u_{yy}) + f(u, v; a), & t > 0, & \quad (x, y) \in \Omega, \\
v_t &= d_v(v_{xx} + v_{yy}) + g(u, v; b), & t > 0, & \quad (x, y) \in \Omega
\end{aligned}
\tag{0.29}
$$

にも拡張できる．Ω を正方形領域としたとき，(0.29) を零流量境界条件のもとで考えると，図 0.6 は適当な d_u, d_v に対して，拡散誘導不安定化によって現れる空間非一様なパターンである．このように化学実験（図 0.5）で観察されたのと同じような魚などに現れる斑点模様や縞模様が現れる．この結果は，化学実験から示唆されたように，特徴あるパターンはそれぞれ異なる仕組みから現れるのではなくて，同じ仕組み（同じ反応拡散系）であって，パラメータの値が変わるだけで，「反応」と「拡散」の相互作用によって自己組織的にパターンがつくり出されることを意味している．これは，まさしくチューリングが，簡単な微分方程式ではあったが，主張したかったことが実験とモデルによって示されたのである．

これまで得られた結果をまとめると，次のようになる．供給がない閉鎖系 (0.25) に対しては，解は時間とともに空間的に一様になっていき，解の漸近挙動は対応する常微分方程式 (0.8) と定性的に同じになることから，自明な結果である．しかしながら，外部からつねに供給がある開放系 (0.26) に対し

ては，たとえ，単純な系であっても，適当な拡散率のもとで拡散誘導不安定化が起こり，常微分方程式 (0.8) からでは予想できない多様な空間パターンが自己組織的に現れるのである．

1950年代に現れた自己組織化という考え，そしてそれを記述する反応拡散系モデルは当初，疑いや批判を受けたが，その後，反応と拡散の相互作用のもとで現れる自己組織化現象の解明に向けて開放型の反応拡散方程式の研究は色褪せることなく発展している．たとえば，[17, 20] およびそれらの参考文献などがあるのでぜひ参照していただきたい．さらに，自己組織化現象の現象数理学的研究は自然科学のみならず，工学，医学，社会科学などさまざまな分野で展開されていることを強調しておこう（たとえば [8, 9]）．

0.7　現象数理学的研究の新たなる展開

2000年代に入り，これまであまりパターン形成の視点からは興味の対象にならなかった閉鎖型反応拡散系が実験の方から注目されてきている．バクテリアのコロニー形成である．バクテリアは養分を含んだ寒天上で，養分を摂取して増殖，分裂することから，バクテリアと養分は食う–食われるの関係であり，バクテリアは寒天上をランダムウオークし，養分は拡散で移動するということから，反応拡散系で記述できる．さらに，養分は外部からの供給がなく，寒天に含まれているだけであるから系は閉鎖型であるといえる．このことから，数学の結果からいえば，解は一様になり，パターンは出現しないということが示唆されるが，松下とそのグループは枯草菌の寒天培養において，寒天の柔らかさ，養分としてのペプトン濃度という2つの環境条件に依存して，図0.7(a) のようなさまざまな特徴あるパターンが出現することを観察した [15]．寒天が柔らかく（運動しやすい），養分が豊富にあるという良好な環境でのコロニーは円形状で一様に拡がっていく．一方，寒天が硬く（運動しにくい），養分が少ないという劣悪な環境では，図0.7(b) のように，複雑な形状のコロニーが現れ，ゆっくりと拡がっていく．このように環境条件に依存してさまざまなコロニーパターンが出現することは，数学から得られて

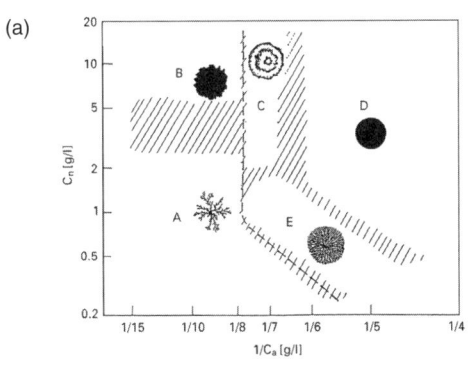

図 **0.7** 枯草菌の寒天培養に現れるコロニーパターン [10]．(a) コロニーのモルフォロジーダイアグラム（横軸：寒天の柔らかさ，縦軸：養分濃度）．(b) 劣悪環境でのコロニーパターン（A 領域）．

いる結果と明らかに矛盾しているように思われる．さらに，バッドリーンとバーグは，やはり外部から養分を供給しない状況での大腸菌の培養実験において，寒天を柔らかく固定して，栄養源であるサクシネートの濃度を 1 mM, 2 mM, 3 mM と変えたとき，それに依存して特徴ある空間パターンが現れることを報告している [3, 4]．図 0.8(a), (b), (c) はそれぞれの条件で現れるコロニーパターンである．図 0.8(a) では 1 つの大きなコロニーを形成しているが，図 0.8(b), (c) は一転して小さなクラスターをたくさんつくり，それが幾何学的な規則正しい配置を形成しているのである．

　これら 2 つの結果はどのように解釈すればよいのだろうか？　モデルが正しくないのだろうか？　この疑問が動機となって，これまでパターン形成の視点から面白くないと思われていた閉鎖系が注目され，モデルから解明する現象数理学的研究が展開されている [1, 10, 14]．その一端を紹介しよう [11, 12]．

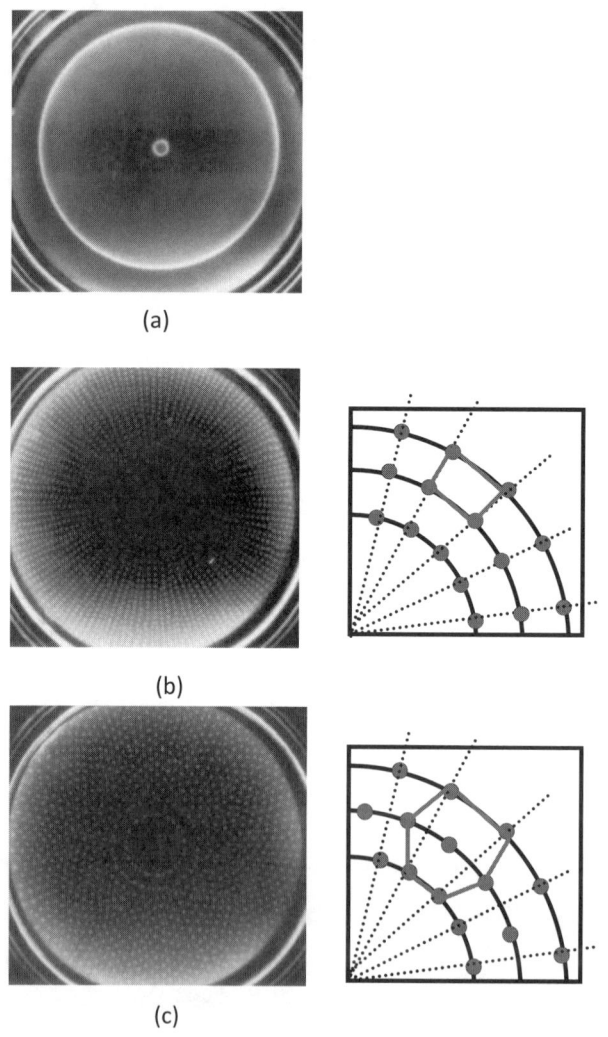

図 0.8 大腸菌の寒天培養において養分濃度に依存して現れるコロニーパターン [4]. (a) ディスクパターン, (b) 擬矩形クラスターパターン, (c) 擬 6 角形クラスターパターン.

(0.8) で紹介した閉鎖系の空間 2 次元自己触媒反応拡散系で説明しよう.

$$\begin{aligned} u_t &= d_u(u_{xx} + u_{yy}) - u + u^2 v, & t > 0, & \quad (x,y) \in \Omega, \\ v_t &= d_v(v_{xx} + v_{yy}) - u^2 v, & t > 0, & \quad (x,y) \in \Omega \end{aligned} \quad (0.30)$$

に対して (0.23), (0.24) に対応する初期条件，零流量境界条件を課すると，空間 1 次元の場合と同様な結果として，初期関数 $(u(x,y), v(x,y))$ に依存した定数 $\underline{v}_\infty > 0$ が存在して，

$$\lim_{t \to \infty}(u(t,x,y), v(t,x,y)) = (0, \underline{v}_\infty) \quad (0.31)$$

が成り立つことは 1 次元問題 (0.25) の結果から予想できるであろう [7]．すなわち，(u,v) は時間が経過すると空間一様になり，パターンをつくらない．しかしながら，ここで反応過程 (p4) によって生成される物質 P を考えよう．P の濃度を p とする．P は空間移動をしないと仮定すると，(p4) より p の挙動は

$$\begin{aligned} p_t &= u, \quad t > 0, \quad (x,y) \in \Omega, \\ p(0,x,y) &= 0 \end{aligned} \quad (0.32)$$

で与えられる．(0.32) は

$$p(t,x,y) = \int_0^t u(s,x,y) ds, \quad t > 0, \quad (x,y) \in \Omega \quad (0.33)$$

と書き替えられる．さらに，ある $p_\infty(x,y) \geq 0$ が存在して

$$\lim_{t \to \infty} p(t,x,y) = p_\infty(x,y), \quad (x,y) \in \Omega \quad (0.34)$$

が成り立つ．こうして，(0.31), (0.34) によって，(u,v,p) の漸近挙動を知ることができる．しかしながら，この結果は最終生成物質濃度 $p_\infty(x,y)$ はどのような空間分布をとっているのかという疑問に対してある極限関数 $p_\infty(x,y)$ が存在するということを示しているだけで，答にはなっていない．それには，(0.33), (0.34) からわかるように，すべての時刻での u の空間分布を知る必要がある．残念ながら，いまのところそれに答える解析手段はなく，数値シ

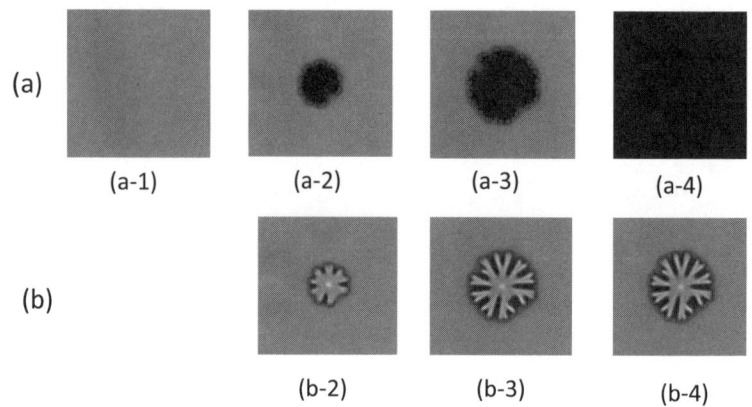

図 0.9 (a) u が示すパターン, (b) p が示すパターン.

ミュレーションに頼らざるを得ない. Ω を正方形領域とし, (0.30) の初期条件として

$$
\begin{aligned}
u(0,x,y) &= u_0(x,y), & (x,y) &\in \Omega, \\
v(0,x,y) &= v_0, & (x,y) &\in \Omega, \\
p(0,x,y) &= 0, & (x,y) &\in \Omega
\end{aligned}
\quad (0.35)
$$

とする. ここで, $u_0(x,y)$ は Ω のほぼ中央にサポートをもつ関数, v_0 は正定数とする. 図 0.9 は $d_u/d_v = 0.01$ の場合である. 図 0.9(a) は $u(t,x,y)$ のダイナミクスである. 反応物質 U は V を触媒として増えるとともに, 生成物質 P をつくるために消費されることからリング状になり, さらにそれはいくつかのスポットに壊れて拡がっていく. 各スポットはさらに分裂して新たなスポットをつくるが, やがて消滅する. つまり, 十分時間が経つと u は零となり, パターンが現れない. これは閉鎖系に与えられた数学からの結果そのものである. それでは生成物質 P はどうであろうか? (0.32) を計算したのが図 0.9(b) である. そこには先端が 2 つの指に分裂しながら進行する指状パターンが現れる. u の漸近挙動は d_u/d_v の値に依存せずに 0 になっていくが, $p_\infty(x,y)$ は d_u/d_v の値に依存して特徴をもったパターンが出現することが確認されている. 以上の結果が示唆することは, u の漸近挙動は自明であるが,

p の漸近挙動を知るためには u の遷移挙動がわからなければならないということである．自己組織化の言葉でいえば，u がつくり出す自己組織化状態は遷移挙動において現れ，時間が経つと消滅するのである．これは我々の人生に似ていないだろうか？ それぞれが生きてきた人生は異なっているが，最終的にはみな「死」という同じ状態に落ち着くのである．どのように生きてきたかというそれまでの歴史を示しているのが $p_\infty(x,y)$ である．

自明な結果しか出ないと思っていた閉鎖系であったが，実はまだ完全に理解できていないことがわかった．その理由は遷移挙動の解析が必要だからである．こうして，「遷移過程における自己組織化の理解」が現象数理学の新しいテーマになっている．

参考文献

[1] A. Aotani, M. Mimura and T. Mollee, A model aided understanding of spot pattern formation in chemotactic *E. coli* colonies, *Japan J. Indust. Appl. Math.*, **27** (2010), 5–22.

[2] W. R. Ashby, Principles of the self-organizing dynamic system, *J. General Psychology*, **37** (1947), 125–128.

[3] E. O. Budrene and H. C. Berg, Complex patterns formed by motile cells of *Escherichia coli*, *Nature*, **349** (1991), 630–633.

[4] E. O. Budrene and H. C. Berg, Dynamics of formation of symmetric patterns by chemotactic bacteria, *Nature*, **376** (1995), 49–53.

[5] V. Castets, E. Dulos, J. Boissonade and P. De Kepper, Experimental evidence of a sustained standing Turing-type nonequilibrium chemical pattern, *Phys. Rev. Lett.*, **64** (1990), 2953–2956.

[6] H. Driesch, 米本昌平訳『生気論の歴史と理論』，書籍工房平山 (2007).

[7] H. Hoshino, On the convergence properties of global solutions of reaction - diffusion systems under Neumann boundary conditions, *Diff. Integral Eqs.*, **9** (1996), 762–778.

[8] 国武豊喜監修『自己組織化ハンドブック』，NTS (2009).

[9] P. クルーグマン，北村行信・妹尾美起訳『自己組織化の経済学』，東洋経済新聞社 (2009).

[10] 松下貢・三村昌泰「バクテリアコロニーの多様性」，松下貢編『生物にみられるパターンとその起源』(非線形・非平衡現象の数理 2)，第 1 章，東京大学出版会 (2005).

[11] 三村昌泰「重力のない世界での燃焼」『数学のたのしみ』**30** (2002), 87–96.

[12] M. Mimura, Pattern formation in consumer-finite resource reaction-diffusion systems, *Publ. RIMS, Kyoto Univ.*, **40** (2004), 1413–1431.

[13] 三村昌泰「反応拡散方程式への誘い」, 三村昌泰編『パターン形成とダイナミクス』(非線形・非平衡現象の数理 4), 第 1 章, 東京大学出版会 (2006).

[14] M. Mimura, H. Sakaguchi and M. Matsushita, Reaction-diffusion modelling of bacterial colony patterns, *Physica* A, **282** (2000) 283–303.

[15] M. Ohgiwara, M. Matsushita and T. Matsuyama, Morphological changes in growth phenomena of bacterial colony patterns, *J. Phys. Soc. Jpn.*, **61** (1992), 816–822.

[16] Q. Ouyang and H. L. Swinney, Transition form a uniform state to hexagonal and striped Turing patterns, *Nature*, **352** (1991), 610–612.

[17] J. E. Pearson, Complex patterns in a simple system, *Science*, **216** (1993), 189–192.

[18] J. Schnakenberg, Simple chemical reaction systems with limit cycle behaviour, *J. Theor. Biol.*, **81** (1979), 389–400.

[19] A. M. Turing, The chemical basis of morphogenesis, *Phil. Trans. R. Soc. Series* B, **237** (1952), 37–72.

[20] 上山大信・西浦廉政「自己触媒系に現れる自己複製パターンと時空カオス」, 三村昌泰編『パターン形成とダイナミクス』(非線形・非平衡現象の数理 4), 第 2 章, 東京大学出版会 (2006).

[21] J. D. Watson and A. Berry, 青木薫訳『DNA（上）——二重らせんの発見からヒトゲノム計画まで』ブルーバックス, 講談社 (2005).

[22] J. D. Watson and F. H. C. Crick, Molecular structure of nucleic acids, *Nature*, **171** (1953), 737–738.

第1章
生命情報処理の現象数理
粘菌の迷路解き

中垣俊之

1.1 粘菌のエソロジーとダイナミクス

　生物システムはさまざまな機能をもつ．そのなかでも情報処理はとりわけ興味深い．情報処理の一例として思い浮かぶのは，問題解決能力であり，学習や予測の能力などである．高等動物では脳が情報器官として活躍するが，生物界を広く見渡すと，脳をもつ生き物はむしろごく一部にすぎない．では，脳をもたない生物は，何も情報処理をしないかというと，けっしてそんなことはない．環境変動に応じて有効な戦略がとれるし，捕食者に対してもただ単にむざむざと食われるばかりではない．脳をもつ生物が誕生するはるか遠い昔から今日に至るまで見事に生き抜いて繁栄している．そのことに改めて気づくとき，脳のない生き物も「侮り難い」と思えてくるのではないだろうか．
　生物システムは，進化という過程を経て系統的に発生してきた，と考えられている．三〇数億年前に遡る生命の誕生から今日に至るまで，非常に多様な生物が出現した．その多様さには目をみはるばかりである．ところが，その多様な生物種全体をつらぬく共通性もまた一方で存在する．単細胞のバクテリアからヒトやアサガオにいたるまで，どの生物も共通の土台の上に築かれている．その最たる例は，生物学でセントラルドグマ（中心教理！）などとよばれている「DNAの複製とDNAからタンパク質をつくるしくみ」であ

る.それに関連して,生物は共通の有機物を代謝する.そのことが,直接的な化学的相互作用を可能たらしめている.どの生物個体も共通の化学物質を介して深く相互依存しているので,この化学相互作用系(生態系)から離れて生きていくことは困難である.種の多様性を貫いて存在する共通性は,生物システムの本質的性質とよぶべきものであろう.

では,情報処理機能に関してはどうだろう? 共通する本質的な性質が存在するのだろうか? 一般的な通念では,「ヒトとバクテリアの知的レベルはまったく違う」は真である.たしかに埋め難いギャップはある.しかしながら,単細胞生物とて「なかなかのものである」という事実も100年以上前から報告され続けている.もとより,生きていないシステム,単なる化学反応(たとえばベローソフ−ジャボチンスキー反応)があたかも心臓の拍動のようなリズムを生み出すことさえある.単細胞生物は,もっとも単純な生きたシステムである.したがって,生体システムに共通する本質的な情報処理のしくみというものがもし本当に存在するならば,それは単細胞にも見い出せるはずである.単純であるぶん,本質的なるものへのアクセスは容易なのかもしれない,という期待もできよう [2].

このような考えから,ある単細胞生物が注目されている.真正粘菌フィザルムである.和名ではモジホコリ(学名 *Physarum polycephalum*)という.

図 1.1 真正粘菌モジホコリの変形体の写真.寒天ゲルの上を手前に向かって進展しているところ.先端部はシート状に広がり,後方部は管のネットワーク状になっている.右下の白い線はスケールバーであり,1 cm を表す.写真の変形体は数センチにも及ぶが,これで1つのアメーバ状細胞である.変形体とは,生活環でいえば複相世代の増殖・成長体である.環境が悪くなると単相世代の胞子となり休眠する.

モジホコリは，薄暗く湿った環境にある朽ち木や落ち葉や土中などに棲息する．時として，「変形体」(plasmodium) という巨大なアメーバ様体制（図 1.1 参照）をなし，活発に這い回って養分を吸収し増殖する．2000 年に，この粘菌変形体が迷路の最短経路を見つけることが報告された [11, 12]．以来，粘菌の情報処理能力は，迷路解きのみならず，記憶や学習，逡巡など多岐にわたることがしだいに明らかになってきたのである [1, 6, 8, 10, 14, 15, 16, 18, 19]．

　粘菌の変形体 [4, 5] は，数センチにも及ぶほど巨大なアメーバ体であるが，単細胞である．ただし，多核体である．数センチともなれば，おびただしい数の核が含まれている．変形体は原形質の塊で，シート状に広がりながら同時にそのシートのなかに管の複雑なネットワーク構造をなす．2 つの個体が出会うと自然に融合して 1 つの個体になり，逆に 1 つの個体を小さく切り刻むと，切り取られた小片はそのまま生きて完全な（大きさは小さくなるが）個体になる．変形体は，もし十分に栄養が与えられれば，成長して約 10 時間ごとに核分裂を起こし，核の数を倍化させる．ただし，体細胞分裂はおこさないので，細胞自体はどんどん大きくなる．変形体は，多細胞体制と単細胞体制の中間的な体制をもつといえよう．

　粘菌の予想以上の賢さが発見されるにしたがい，そのしくみも提案されるようになってきた．先に述べた変形体の賢さは，行動として現れる．ちょっとばかりややこしい状況での「判断の結果」が，行動として現れるのだ．変形体の行動とは，アメーバ体の運動であり，より物質的にいえば，「ネバネバした物質の変形であり流れ」にすぎない．ということは，そのような物質の「変形のダイナミクス」を記述すれば，その中に「判断のしくみ」が捉えられていることになる．ただし，このネバネバは能動的に力を発生する（化学エネルギーが力学エネルギーに変換される）し，ネバネバの化学構造も次々に移り変わっていくので，その扱いには頭をひねらなければならない．それは，時としてパズルのようでもありアートのようでもある．

　本節の表題にあるエソロジー (ethology) とは動物行動学のこと．これまで単細胞生物の行動実験は，刺激に対して寄るか逃げるかを調べるような，比較的単純なものが多かった．複雑な状況での行動，たとえば迷路解きなどは，脳をもつ生き物に限定されてきた．単細胞生物とて，複雑な状況におかれれ

ばそれなりの判断を示す．ダイナミクスの考えにもとづいて，本章では粘菌のエソロジーを展開してみたい．

1.2 粘菌の迷路解き

1.2.1 迷路解きのエソロジー

動物行動学では，知的レベルを測る標準的な試験として迷路解きが採用される．粘菌にも迷路を出題してみた．とはいえ，放っておいても，粘菌は迷路を解かない．解くようにしむけるには一工夫がいる．動物行動学では，こういうときに常套手段をとる．採餌欲求を動機づけに使う．簡単には餌にありつけない，しかしながら工夫すれば餌にありつけるという状況をつくって，そこに生き物を放り出すのだ．粘菌の実験では，餌を迷路内の 2 カ所に与えた．粘菌は，なるべく体をつなげておきながら，両方の餌に群がるので，2 つの餌場所を何らかの意味で効率よくつなぐ経路は，粘菌にとって意味があろう，と期待した．

図 1.2(a) は粘菌の迷路解きの様子を示す [11, 12]．あらかじめ用意しておいた 30 cm 四方ほどの粘菌から 3 mm 四方ほどの小片を 30 個ほど切り出し，その小片を迷路のあちこちにまんべんなくおいた．数時間後，その小片は再生して広がりはじめ，互いに出会い融合して，1 つの大きな個体になった．最終的には，迷路全体が 1 匹の粘菌によって満たされた．そこに，餌の小塊 (FS) を迷路の 2 つの場所にセットした．粘菌は餌場に向かって移動を始め，体の形は劇的に変化した．初め，粘菌は行き止まりの経路に伸びていた体をすっかり引き上げ，その引き上げぶんで餌場に伸び出した．その間，粘菌は，迷路の各経路に 1 本ずつ太い管をつくった．次に，2 つの餌場をつなぐ経路のうちで長い方に残った管がやせ細り消滅した．最後には，餌場をつなぐ 1 つの経路が残った．その経路はしばしば最短であった．この実験から，粘菌には迷路の最短経路を求める能力があると結論づけられた．

なぜ粘菌は迷路の最短経路に管を残したのか．粘菌の生理的欲求を考慮す

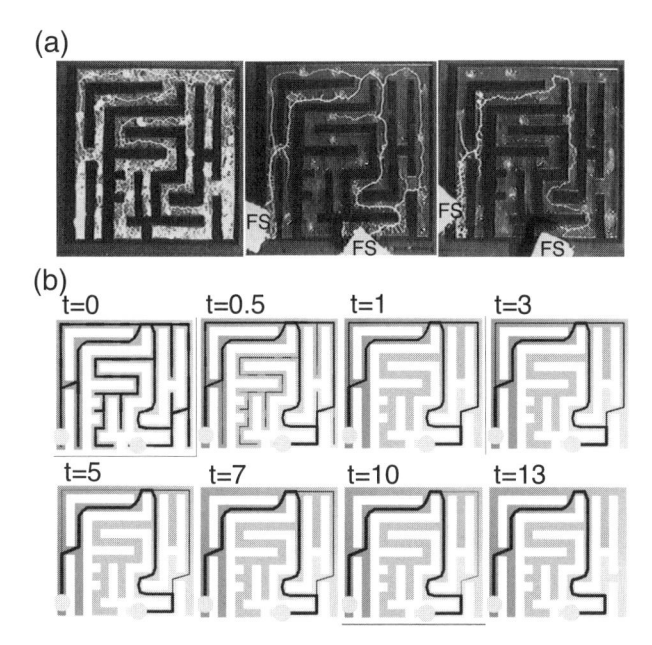

図 **1.2** 粘菌の迷路解き．(a) 現実の粘菌による迷路解き．4 cm 角の正方形に迷路をつくり，その中に 1 匹の変形体を閉じ込めた（左図）．餌 (FS) を与えて数時間後に行き止まりの経路に伸びていた体を引き上げる一方，餌場所を包み込むように伸び出した（中央図）．半日後，最短経路に太い管を残した．ただしつねに最短経路にのみ管を残すとは限らない．この迷路では，約 1/2 の確率で最短経路に管を残した．(b) 粘菌の挙動から導かれた数理モデル（フィザルムソルバー）による迷路解きのシミュレーション．適当にとった時間単位 $t=0$ から $t=13$ までの，管ネットワークの時間経過．はじめに行き止まりの経路の管が消失し，いったんすべての接続経路に管を残した．その後，長い接続経路から順に消失して，最終的に最短経路のみ残った．この時間経過は，現実の粘菌と同様であった．

ると，次のように解釈できる．いまの場合，粘菌は前もって餌を与えられていないので，空腹である．そこで，粘菌の体のどの部分も餌場の方に移動して養分を吸収しようとする．しかしながら，1 つながりの体を維持して，なるべく分裂しようとはしない．分裂したくないのは，2 つめの要請である．迷路の最短経路にだけ体を残すことは，どちらの要請も満たす．餌場に常駐する体を最大化して，かつ，つながりを保つための体を最小化することになる．養分の取り込みは，可能な限り効率的である．さらに，化学信号による細胞内のコミュニケーションも効率的である．なぜなら，細胞内の原形質の流れは

短くて長い管ほど活発であるからである(たとえばポアズイユ流の場合,流れの抵抗は長さに比例し太さの 4 乗に反比例する).このような考えに立てば,迷路解きの理由に答えられる.粘菌は,迷路の中で餌が離れてあるという状況において,自身の生理的要請を最適化した.その結果が最短経路に管を残すことであった,と.

1.2.2 迷路解きの現象数理

粘菌の迷路解き,その背後には,解を求める何らかの「計算」が行われている.「解にたどり着く粘菌の運動を計算とみなす」といった方が適当かもしれない.したがって,粘菌の身体運動を表す運動方程式のようなものを書き下すことが肝要であろう.そうすれば,その方程式の挙動を計算過程として見直すことによって,解法アルゴリズムを抽出できるだろう.

粘菌の迷路解きは,管構造の形態形成によっていた.管の形態形成について,鍵となる生理現象が知られている.管の太さは,その管自身を流れる流れに応じて変動する.流れが十分多い(少ない)とき,管は太く(細く)なる [9, 13].これは,流れに対する管の「適応性」であり,より使われる管はより成長するという規則である.この適応性を取り入れて,筆者らは単純な数理モデルを提案した [17].モデルでは多くの現実的な要素を無視した(たとえば,管の粘弾性や流れる原形質の非ニュートン流体性など).その代わりに,流れに対する適応性の効果が明らかになるようにした.まず,粘菌の管ネットワークを水道管のネットワークとみなす.そして,ネットワーク内の流れを計算し,次にその流れに依存して管の太さのダイナミクスを決める.

このモデルは 2 段階からなる.実験事実にもとづいているが,数学的に扱いやすいようにできる限り単純化されている.概略は以下の通りである.詳細は文献 [17] を参照されたし.

粘菌の網目状の体をグラフで表す.グラフの辺は粘菌の管,節点は管のつなぎ目である.実験で用いた餌場所に相当する節点を N_1 と N_2 とし,その他の節点には $N_3, N_4, N_5, \cdots$ と番号をふる.節点 i と j を結ぶ辺を M_{ij} とし,もしその節点対が複数の辺で結ばれていれば $M_{ij}^1, M_{ij}^2, \cdots$ と表す.

節点 i と j の圧力が p_i と p_j であるとし，辺 M_{ij} は長さ L_{ij} と半径 r_{ij} の円筒形の管であるとしよう．想定する流れは低レイノルズ数だから，ポアズイユ流が成り立つとして，辺 M_{ij} を流れる単位時間あたりの流量 Q_{ij} は，

$$Q_{ij} = \frac{\pi r^4 (p_i - p_j)}{8\xi L_{ij}} = \frac{D_{ij}}{L_{ij}}(p_i - p_j) \tag{1.1}$$

とする．ただし，ξ は流体の粘性率，D_{ij} はコンダクティビィティを表す指標であり

$$D_{ij} = \frac{\pi r^4}{8\xi} \tag{1.2}$$

である．ここで，流れはつねに定常状態になっているとしたが，それはこの後考える管の適応性の時間スケールが十分遅い（10 から 20 分程度）ことからきている．ネットワークの状態は，Q_{ij} と D_{ij} で表される．

各節点 i $(i \neq 1, 2)$ では，物質の保存の式，

$$\sum_j Q_{ij} = 0 \tag{1.3}$$

が成り立つ．餌場所の節点 $(i = 1, 2)$ は，流れの沸き出し点と吸い込み点であるので

$$\sum_j Q_{ij} = \begin{cases} -Q_0, & i = 1, \\ Q_0, & i = 2 \end{cases} \tag{1.4}$$

である．ここで，全流量 Q_0 は定数である．本来，粘菌の原形質流動は 1–2 分の周期で周期的に流動の向きを変えるが，管の適応はそれに比べて十分ゆっくりなので，一方向性の流れとして扱う．D_{ij} や L_{ij} により管の太さと長さが与えられると，流れ Q_{ij} を計算することができる．

粘菌の管は流れによって太さを変えるので，コンダクティビィティ D_{ij} は流れに依存したダイナミクスをもち，それを次のように記述する．

$$\frac{dD_{ij}}{dt} = f(|Q_{ij}|) - aD_{ij}. \tag{1.5}$$

コンダクティビィティダイナミクスは，2 つの拮抗する要因のバランスによって決まるとする．右辺の第 1 項は，流れによって管が太る過程である．関

数 f は単調増加であり $f(0) = 0$ である．右辺第 2 項は，1 次反応過程で管がやせ細る効果を表す（a は，やせ細る効果を表す係数）．もし，流れがなければ，管は指数関数的にやせ細る．十分やせ細った管は，消滅したものとみなす．さて，ここで単純化のため $f(|Q_{ij}|) = |Q_{ij}|^\mu$, $\mu = 1, a = 1$ としておく．以後，とくに断らない場合は，この設定であるとする．また，$f(|Q_{ij}|) = |Q_{ij}|$ のとき，この方程式系 (1.1)–(1.5) をフィザルムソルバー (Physarum solver) とよぶことにする．それぞれの管は，ネットワーク全体を流れる流量 Q_0 が一定であることを介して，相互作用する．ある管の流量が多ければ，その影響は他のすべての管に及ぶ．

フィザルムソルバーと電気回路とのアナロジーを考えるのもよい．管は抵抗器とする．ただし，その抵抗は，L_{ij}^{-1} と D_{ij} に比例する．管のネットワークは，抵抗器からなる回路というわけだ．Q_{ij} は，抵抗器を流れる電流であり，餌場所には定電流電源がつながっているとする．圧力は電圧である．電流が十分流れると，抵抗器の抵抗が減少する（D_{ij} が増加する）．

図 1.2(b) は，モデルシミュレーションのスナップショットを示す．迷路の各通路は，ほぼ同じ初期太さをもつ管である．ほぼ同じといったのは，微小なランダムゆらぎを導入したからである ($t = 0$)．行き止まりの経路の管は，やせ細り ($t = 0.5$)，やがて消滅した ($t = 1$)．餌場所をつなぐすべての経路では，管が成長した．次に，長い経路の管が先に消滅し ($t = 7$)，最終的には最短経路の管のみが残った ($t = 13$)．このモデルシミュレーションにより，管の適応性が迷路の最短経路を導くことがわかった．

このモデルから，解法のエッセンスを抽出しよう．式 (1.5) より，各管は自身を流れる流量にのみ依存してその太さを変える．これは，各管がその太さの適応的変化に使う情報が局所的なものであることを意味する．一方，各管の流量 Q_{ij} を式 (1.1), (1.3), (1.4) より求める際には，圧力に関するネットワーク上のポアソン方程式を解いており，これは大域的な計算である．

ここで強調すべき点は，大域的に最適な解が同質な要素（管）の集団挙動から得られるという事実である．すでに述べたように流体の保存則を介して管が間接的に相互作用するので，そのことがおそらくこの系の鍵になっている．保存量の存在は，粘菌における計算で重要な役割を演じている．

1.3 周期変動の予測と想起

生物の賢さといえば，やはり記憶や学習の能力があげられる．粘菌に，記憶や学習能力はあるのだろうか？ ここでは，粘菌が周期的な環境変動を学習し予測することができることを述べる [14]．

1.3.1 周期的環境変動下でのエソロジー

実験はシンプルである．細長いレーンを用意して，その片隅に粘菌をおいた．すると，粘菌は，反対側の端に向かって移動した．そのときの先端部の進展速度を測った．粘菌の好む環境（気温セ氏 25 度，湿度 90%）では，粘菌は約 1 cm/hr の速度で伸展した．そこに，刺激として，一時的な環境変動（気温セ氏 20 度，湿度 70%）を与えた．すると，粘菌は立ち止まった．刺激後，粘菌は再び動き始めた．このような刺激を 1 時間に 1 回ずつ（約 10 分間），合計 3 回くり返した（図 1.3 の S1, S2, S3）．刺激のたびに，立ち止まってはまた動き始めるという行動をくり返した．3 回の刺激の後，環境はずっと好ましいままであった．ところが，4 回目の刺激のタイミングで，粘菌は自発的に立ち止まることがあった（図 1.3 の C1, C2）．立ち止まるまでいかなくても，大幅に減速する場合もあった．4 回目の刺激は，実際にはない．3 回刺激がきたので，次もくるだろうと予測して，あらかじめ移動を抑制したと解釈できる．100 回ほどの試行の結果，約半数の粘菌が 4 回目の刺激を予測した．残りの半数は，減速するものもかなりあったが，そのタイミングはやや早すぎたり遅すぎたりして，ずれていた．

次に，刺激の周期を変えてみた．先例では 60 分の周期だったが，新たに 30, 40, 50, 60, 70, 80, 90 分とした．どの刺激周期でも 4–5 割の頻度で予測的な減速をした．4 回目の刺激タイミングに続いて，5 回目，6 回目のタイミングでも減速する場合もあった．予測の回数は，せいぜい 3 回であった．30 から 90 分という幅は，3 倍の差である．

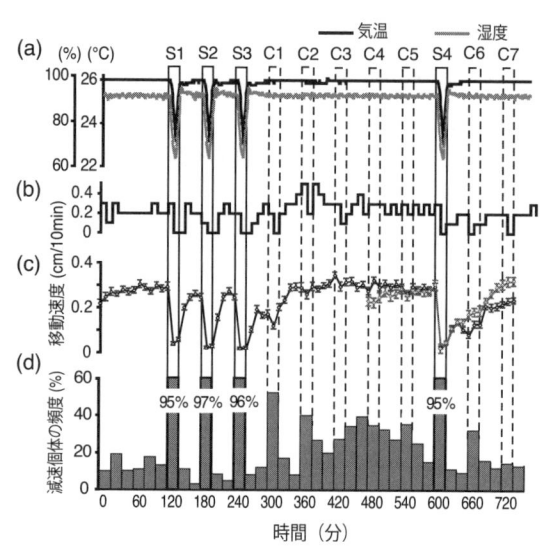

図 1.3 時間記憶の実験結果 [14]. (a) 気温と湿度の時間変化. 低温低湿度の刺激を 1 時間おきに 3 回 (S1, S2, S3) 与え, しばらくしてもう 1 回 (S4) 与えた. S4 をトリガー刺激という. (b) 粘菌の移動速度. 刺激の後, 次の刺激のタイミング (C1, C2, C3) で自発的に減速した. これを予測的な行動と解釈した. トリガー刺激の後も次の予測のタイミング (C6) で自発的に減速した. これを周期刺激経験の想起と解釈した. (c) 40 回の観察により得られた平均速度と (d) 減速した個体の頻度. C1, C6 で有意な減速がみられた. (c) 中の灰色の線は, 対照実験 (周期刺激を与えないでトリガー刺激を与えた実験) のデータである.

1.3.2 周期性の想起

予測的減速の後, 粘菌の移動は刺激前と同様になった. そのころを見計らって, 再び刺激をした (図 1.3 の S4). ただし, 1 回だけ. 1 回だけだから, この刺激には周期性の情報はない. ところが, 刺激の後, 粘菌は自発的な減速をしばしばみせた. そのタイミングは, 以前に与えられた刺激の周期にほぼ等しいものであった (図 1.3 の C6). このことは, 過去の刺激周期をどこかに憶えていて, 改めて思い出したと考えられる. 単細胞の粘菌にも, このような時間記憶能の「芽生え」があるとは驚きである.

第 2 段階で与える 1 回のみの刺激をトリガー刺激とよぶことにする. 記憶を呼び覚ます引き金 (トリガー, trigger) という意味である. トリガー刺激

をどのタイミングで与えるかも興味深いところである．過去の周期刺激に沿ってみると，ちょうど刺激がくるタイミング，たとえば 4, 5 回目のタイミングで予測的な減速をした後，7 回目のタイミングでトリガー刺激を与えると想起が起こった．6 回目と 7 回目のちょうど中間のタイミングでトリガー刺激を与えても，想起が成立した．ただし，周期的刺激ののち，少なくとも 1 日経過した後では，もはやトリガー刺激による想起はみられなかった．

1.3.3 時間記憶能の生理的意義

粘菌は，周期的な環境変動に対して，それを学習し次のタイミングを予測すること，ならびにトリガー刺激によって，その周期性を思い出すことができることがわかった．粘菌のこの能力は，野外で生活するうえでどのような生理的意義をもつのだろうか？ 30–90 分周期の環境変動とは，どのようなものが想定されるだろうか？ それに対して，2 つの立場が考えられる．1 つめは，そのような周期の変動は，たとえばいわし雲が流れて太陽をくり返し遮るような場合など，野外でも十分にあり得るという立場．それならば，この予測能は周期的環境変動への適応能として役立つだろう．

2 つめは，野外にはそのような周期の変動はまずあり得ないとする立場．この立場では，粘菌のこの能力は役立つチャンスがなくナンセンスであるという結論を導きがちだが，必ずしもそうではない．もし，野外にそのような周期変動がないとすれば，粘菌が地球に登場して以来，初めて経験する周期変動ということになる．にもかかわらず，予測することができた．このことはいったい何を意味するか？ 初めてのことにも，ちゃんと対応できるとすれば，むしろより発達した能力とみなせるだろう．別の周期変動，たとえば 1 日や 1 カ月などの周期変動は明白だから，そのような周期性に適応する過程で，30–90 分の周期にも対応できるような，ある種の一般化（周期的な変動という一般化）が行われた，とみるのは行き過ぎだろうか？ 一般化が本当になされたならば，これまた驚くべきことである．脳の認知においても，ある種の概念（概念というものはすでにある程度の一般化を前提にしている）を一般化できる能力を，汎化能力とよび，高いレベルの知的活動と考えられて

いる．粘菌の場合は，周期性という性質についてのものであり，汎化能力と直接結びつけるのは飛躍もあるが，1つの芽生えのように思えなくもない．

1.3.4 粘菌の多重周期性と位相同期モデル

粘菌の運動における振動性をつぶさに観察してみると，フーリエモード（周波数成分）は速いものから遅いものまで万遍なく存在することが知られている．2分の周期でみせる収縮リズムは，まず目にとまるが，実はその他にも，数秒のものから数日のものまである．ただ，遅いモードほど振幅が大きいので，それぞれの時間スケールで観察すれば，それにあったリズム性が目にみえるのだろう．粘菌の運動性は，細胞内の複雑な化学反応ネットワークにより制御されている．全体としては，1つにつながった化学反応系が，さまざまなモードの運動をつくり出している．

粘菌の振動性は多重周期的ではあるが，カオス振動子とも異なる．ここで，この粘菌の多重周期性をフーリエモードに分解して考えることにする．本来，すべてのモードは互いに独立ではないが，ここでは単純化のためにすべて独立とする．これは，1つの大きな仮定である．ただし，単純化の仮定だから，出発点として受け入れることにする．

粘菌は原形質の巨大な塊である．その一部を切り出すとちゃんと再生して，活発に移動する．その運動性をみると，多重周期性が認められる．ここでは各モードを振幅一定の振り子とみる．振り子の実体が化学反応ならば，物質濃度がある範囲で，上昇と下降をくり返す．化学反応が振動を引き起こすことを不思議に思うかもしれないが，細胞内のさまざまな化学物質濃度は実際に振動している．その仕組みも比較的よくわかっている．このようないわば化学振り子とでもよぶべきものを，振動する基本単位という意味で「振動子」とよぶ．原形質の小塊に一連の振動子があるから，粘菌全体では一連のセットが多数存在することになる．同じモードの振動子のコピーがたくさんあるわけである．図1.4は，そのような振動子集団の模式図である．

各振動子の位相を $\theta_{i,j}$ として，その平均変化率を

$$\frac{d\theta_{i,j}}{dt} = \omega_j,\ 0 \leq \theta < 1,$$

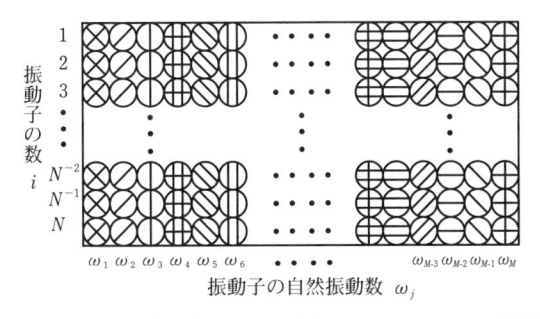

図 **1.4** 振動子集団モデルの概念を表した図. 丸印1つ1つが1つの振動子. 丸印のシンボルの違いが自然振動数 ($\omega_j = \omega_1, \omega_2, \omega_3, \cdots, \omega_{M-1}, \omega_M$) の違いを表す. また, N 個の振動子が同じ自然振動数をもつ. 粘菌の移動活性は, これら全振動子の平均挙動により定められると仮定する.

$$\theta(t) = \theta(t + L), \quad L \text{ は自然数}$$

とする. ここで, ω_j は振動子の自然振動数である. 同じ振動数をもつ振動子の化学的実体は同じであると考えるが, 場所が離れていれば必ずしも歩調をそろえて増減しているとは限らない. 多少のずれは想定される. そこで, 粘菌全体の平均値を考える. どこの振動子も, てんでバラバラなとき, 増減に関してランダムであるから, 差し引きゼロになる. 徐々に歩調がそろってくると平均値はゼロではなく, ある有限の値で増減するようになる. その触れ幅は完全に歩調がそろったときに最大になる. このようにして, 各モードの平均振幅を計算する. このような平均振幅が粘菌の移動活性を調節すると仮定する.

移動活性を S とおいて, 次のように与える.

$$S = \sum_{j}^{M} \tanh\left(c_1 \sum_{i}^{N} \frac{\cos(2\pi\theta_{i,j})}{N} + c_2\right). \tag{1.6}$$

ここで, 関数 tanh は, 実験にもとづく飽和の効果を表す. 移動速度は, ある化学物質の細胞内濃度とともに上昇するが, ある濃度以上では飽和して一定の最大速度になる. その「ある化学物質」が x 軸に相当すると仮定し, 関数 cos を用いて x 軸への射影成分を求めている. S は, 全振動子の平均からなっているが, 単純な平均ではない. 2段階で平均されている. はじめに, 自然振動数が同じもので平均し, 次に異なる自然振動数にわたり平均している.

ただし，この平均のとり方にそれほど深い根拠があるわけではない．

1.3.5 周期摂動の効果のシミュレーション

ここに外部からの周期刺激が加わるとき，ダイナミクスは，

$$\frac{d\theta_{i,j}}{dt} = \omega_j + \alpha H(t)\sin(2\pi\theta_{i,j}) + \xi_{i,j} \tag{1.7}$$

であるとする．右辺の第2項は刺激の影響を表し，第3項はランダムな微小ノイズを表す．関数 $H(t)$ は，刺激のタイミングを表す関数で，刺激があるとき $H(t) = 1$ を，さもなくば $H(t) = 0$ をとる．刺激の効果は $\sin(2\pi\theta_{i,j})$ であり，振動子が横軸より上側 $(0 < \theta < 0.5)$ なら $\sin(2\pi\theta_{i,j})$ は正なので振動子を加速させる．逆に振動子が下側 $(0.5 < \theta < 1)$ なら $\sin(2\pi\theta_{i,j})$ は負なので振動子を減速させる．この加減速により，振動子は図1.5(b)のような円周軌道上を左側に押しやられる（次項参照）．

さて，このようなモデルでシミュレーションした結果が図1.5(a)である．横軸は時間，縦軸は移動活性 S である．点線は，刺激のタイミングを表す．刺激に応じて減速した後，予測的な減速がみられる．その後のトリガー刺激で周期的な減速の想起もみられている．このモデルは，粘菌の挙動を再現している．このモデルの生物学的な信憑性についてはまだまだ議論の余地があるが，モデル自体はきわめて単純であり，かつ，おざなりなつくり込みがないので，ダイナミクスとしてはじつに基本的である．したがって，さまざまな自然現象に適応できる可能を秘めていよう．その意味で，興味深いモデルである．

1.3.6 位相同期モデルからみた時間記憶のからくり

モデルの振る舞いを直感的に理解してみよう．図1.5(b)はその様子を示す．たくさんの振動子が，円周上を反時計周りに周回している．丸印のシンボルの違いは，自然振動数の違いを表す．速く回るもの，ゆっくり回るものが混在している．どの振動子もそれぞれ固有の速度で周回するが，その速度はまちまちである．同じシンボルは，同じ速さで周回するので，お互いの離れ具合は変わらない．振動子間にはいっさい相互作用がないから，どの振動子も

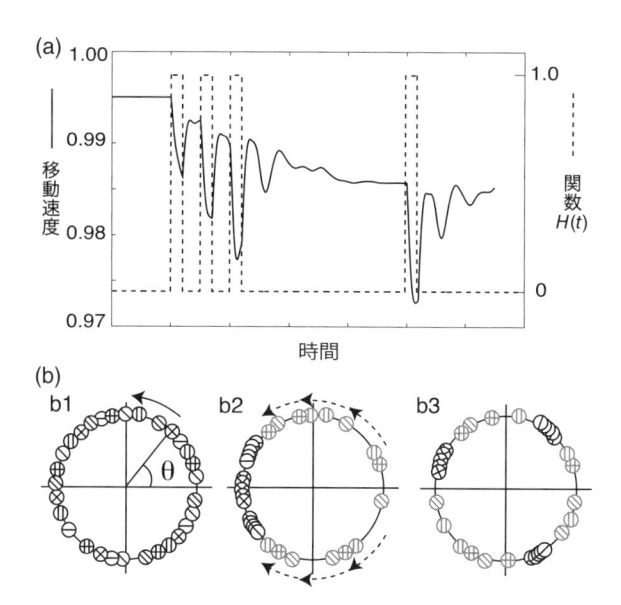

図 **1.5** モデル方程式 (1.6), (1.7) の計算機シミュレーション [14]. (a) 移動活性 S の時間変化. モデルのパラメータは以下の通り. 点線は刺激のタイミングを表す. すなわち, 関数 $H(t)$ である. $N = 1000, M = 500, \omega_j - \omega_{j-1} = 0.1, c_1 = 2, c_2 = 3, \xi = 0$. (b) モデルの動的挙動を表す概念図. 詳細は本文を参照.

自身の速度で勝手に周回する. はじめに, 振動子が円周上にランダムにばらまかれていれば, 重心は原点である. 単純な重心の位置がオーダーパラメータではないが, ここでは単純のため重心の位置が移動活性を表すものとして話を進める.

この状態に, 刺激を3回与える. 刺激は, 振動子の周回速度を変えるように作用する. 円周の上半分にあるときは加速し, 下半分にあるときは逆に減速する. 刺激が与えられている間中, 振動子は過減速され続け, 刺激がなくなるとまた元の速度で周回する. したがって, 刺激は, 振動子を左側に集めるように作用する. 振動子1つ1つをみれば, 刺激により左側に押し付けられるような力が働く. このような刺激の作用は, 瞬間瞬間の刺激がそれほど大きくなければごく一般的に起き得るものであることが, 「非線形振動子の位相縮約理論 (位相モデル)」から知られている. ここでは, その詳細には立ち入らず, そうするものとして話を進める (詳細は文献 [7] を参照).

刺激の振動数と振動子の周回振動数が近いと，3回の刺激はいずれも振動子を左側に寄せ集めるように作用する．両者の振動数が大きく異なると，振動子は1回目の刺激で左側に多少寄せ集められるが，2回目以降の刺激では逆にばらけることもあり得るだろう．かくして，刺激振動数と同様の振動数をもつ振動子が凝集して塊をなす．この凝集塊をクラスターとよぶことにする．すると，重心の位置は，このクラスターに引きずられて，ゼロではなくなる．クラスターの寄与で振動するだろう．これが，3回の刺激を受けた直後の状態である．

　刺激がなくなると，振動子は各々の周回振動数で周回する．クラスターを細かくみると，その中には周回振動数のわずかに異なるクラスターがいくつもできているのがわかる．いくつもの周回振動数のクラスターからなる集団だから，いわばスーパークラスターである．今後，混乱を避けるために，単にクラスターといえば，周回振動数ごとのクラスターを指すものとする．さて，スーパークラスターは，刺激を除去した後すぐには壊れないが，時間とともに少しずつばらけていく．なぜなら，各クラスターの周回振動数がわずかながら異なるからである．スーパークラスターがばらけて円周上にまんべんなく広がる（スーパークラスターの崩壊）と，重心は原点に戻る．これが，2,3回の予測をした後に，予測をしなくなるという状態に対応する．ただし，スーパークラスターは崩壊したものの，各クラスターは依然として存在していることに注意しよう．刺激振動数の記憶は，表からはみえない（オーダーパラメータとしてはみえない）クラスターの存在に残されている．

　次にもう一度だけ刺激すると，クラスターがスーパークラスターをつくることがある．これが想起に対応する．各クラスターは，何ら他に力が働かなければ，永久に壊れない．しかしながら，現実の粘菌では，化学反応は，ゆらいでいると考えられる．細胞外からのちょっとした影響や，細胞内の拡散などでつねにノイズが生じると思われる．したがって，一定の弱いランダムな力（振動子を加減速させる力）が作用し続けるものとする．非常にゆっくりではあるが，各クラスターは，ランダムノイズにより徐々にばらけていくことになる．

　この位相同期モデルには，2つの特徴的な時間がある．1つは，周回振動

数の差によってスーパークラスターが崩壊するのに要する時間．もう1つは，ゆらぎにより各クラスターが崩壊するのに要する時間である．いまの場合，前者の時間のほうがより短いため，記憶現象が再現できた．

1.3.7 「エジプトはナイルの賜物である」

粘菌の時間記憶の現象をみていると，私は古代エジプト文明の史実を思い出す．ヘロドトスという歴史家が，「エジプトはナイルの賜物である」と象徴的にいった．ナイル川が氾濫する時期をきちんと予測するために暦（カレンダー）をつくり得たことが，文明化の引き金を引いたのだと，歴史の教科書は述べている．ナイル川は毎年，ある時期に氾濫したそうである．すると，上流の肥沃な土が辺り一面に運び込まれ，豊かな作物の稔りがかなう．氾濫直後，早々農作業にとりかかれるならば，収穫も高まろうというもの．その準備のためにも，あと何日で氾濫するのかというタイミングをなるべく正確に予測する必要があった．天体運動から1年のサイクルを測り，みごとに暦をつくりあげた．ナイル川が周期的に氾濫することを経験し，次の氾濫がいつかを予測するようになったわけだ．これは，粘菌の時間記憶とある意味では同様のことではないだろうか？

1.4 現象数理学が解く生命知のからくり

「ゲゲゲの鬼太郎」で有名な水木しげるの漫画に『猫楠』がある．粘菌研究でも知られる南方熊楠の生涯を水木の解釈を通して描いたものである．その中にこんなやりとりがある．

- 水木しげる『猫楠——南方熊楠の生涯』角川文庫ソフィアより
    - 猫「粘菌っていったいなんだ」
    - 熊楠「粘菌は動植物ともつかぬ奇態な生物や」「英国の学者なぞは宇宙からきたお方じゃないかというとる」

- 猫「なんでそんなもの研究するんだ」
- 熊楠「生死の現象　霊魂の研究にはもってこいの材料や…」
- 猫「なるほど　するとおめえ"研究"ということに名をかりた"学問の遊び人"だな…」

　これには南方自身が書いた元ネタがある．「粘菌は，動植物いずれともつかぬ奇態の生物にて，英国のランカスター教授などは，この物最初他の星界よりこの地に堕ちきたり動植物の原となりしならん，と申す．生死の現象，霊魂等のことに関し，小生過ぐる十四，五年この物を研究まかりあり（柳田国男宛書簡より）」．粘菌によせる関心の動機が，言い表されているように思う．「生き物が生きているとは，どんなことなのか？」という問題意識といえようか．
　さらに，次のようにもいっている．「故に，人が見て原形体といい，無形のつまらぬ痰様の半流動体と蔑視されるその原形体が活物で，後日蕃殖の胞子を護るだけの粘菌は実は死物なり．死物を見て粘菌が生えたと言って活物と見，活物を見て何の分職もなきゆえ，原形体は死物同然と思う人間の見識がまるで間違いおる．すなわち人が鏡下にながめて，それ原形体が胞子を生じた，それ胞壁を生じた，それ茎を生じたと悦ぶ，実は活動する原形体が死んで胞子や胞壁に固まり化するので，いったん，胞子，胞壁に固まらんとしかけた原形体が，またお流れとなって原形体に戻るは，粘菌が死んだと見えて実は原形体となって活動を始めたのだ．」
　原形体とよばれる痰様のものとは，今日では変形体とよばれる巨大なアメーバである．その痰様のものが，きわめてゆっくりとではあるがたしかに動き回って餌に食らいつき，一方危険から逃げ去る様子を目の当たりにして，さぞ好奇の目を向けていたにちがいない．このいかにも物っぽい痰様のネバネバが，躍動するとは！
　生き物の運動とて，物質の運動法則とは無縁ではない．生き物たるもの運動法則で割り切れるような単純なものではない，と反論もあろう．単純な運動法則がもたらす可能性こそ，実はそんなに単純でもない，と反論を返そう．
　運動法則は，微分方程式という数学の言葉で書かれている．ニュートンは，リンゴが木から落ちるのをみて，この法則を発見したと象徴的にいわれてい

る．リンゴが木から落ちるのは誰の目にも映るのだが，その背後にある運動法則は誰の目にも映らない．ニュートンが微分方程式という言葉を発明（発見？）して，やっととらえることができたのである．そのおかげで，ありありとしたイメージとともに運動の規則を理解できる．あたかも目に映るかのごとく．

ニュートンの運動方程式は単純なものである．これがなぜ，かくも多様な世界の運動を描き出すのか？ その秘密の1つは，それが表しているのがダイナミクスだからである．ここでダイナミクスとは，「今現在の運動速度がほんの少しだけ未来にどれだけ増減するか」である．リンゴが落ちるときいつどの位置にあるかを直接書き表すのではなく，速度の「変わり方」を書き表す．

一般的に単純なルールにもとづいて物事を時間発展させると，思いもよらない複雑さや驚異的な秩序が現れることがある．逆に，一見摩訶不思議な挙動をとことん突き詰めていくと，すこぶる単純なからくりに帰着することもまた知られている．このような性質が，昨今注目されている，複雑系の適応現象，創発現象，自己秩序化（自己組織化）現象などのからくりになっている．

粘菌の変形体は，痰様の姿形のため，物理や数学の視点から研究するのにたいへん都合がよろしい．生き物らしい入り組んだ姿形がないから，かえって生き物らしさの本質的な部分に迫りやすい？ そんなことを期待しながら，筆者は変形体の行動に現れる「賢さ」なるものを研究してきた．どれほどの賢さをもつのか？ その賢さをもたらす方法は？ 粘菌は，迷路を解くし，人間のつくる鉄道網に匹敵する機能的なネットワークをつくる．時間に対する記憶や逡巡の原型もみられる．それらは，どれも比較的単純な運動法則で再現できるものであった．変形体は痰様にすぎないものであるが，「生命知」のからくりをのぞきみる誠に興味深い「窓」なのである．

参考文献

[1] P. Ball, Cellular memory hints at the orgins of intelligence, *Nature*, **451** (2008), 385.

[2] D. Bray, *Wetware: A Computer in Every Living Cell*, Yale University Press, USA (2009).

[3] M. Dorigo and T. Stutzle, *Ant Colony Optimization*, The MIT Press, Massachusetts, USA (2004).

[4] N. Kamiya, *Protoplasmic Streaming*, Springer (1959), Lewis Victor Heilbrunn, 8, Protoplasmatologia.

[5] D. Kessler, Plasmodial structure and motility, H. C. Aldrich and J. W. Daniel (eds.), Cell Biology of *Physarum* and *Didymium*, pp.145–196, Academic Press, New York (1982).

[6] 小林亮・中垣俊之「真正粘菌の運動と知性」, 望月敦編著『理論生物学』共立出版 (2011), pp.176–200.

[7] Y. Kuramoto, *Chemical Oscillations, Waves, and Turbulence*, Springer-Verlag, Berlin-Heidelberg (1984).

[8] 中垣俊之『粘菌——その驚くべき知性』, PHP サイエンスワールド新書 1–198. PHP 研究所 (2010).

[9] T. Nakagaki and R. Guy, Intelligent behaviors of amoeboid movement based on complex dynamics of soft matter, *Soft Matter*, **4** (2008), 1–12.

[10] 中垣俊之・手老篤史・小林亮「適応ダイナミクスにもとづく細胞計算能力」, 第 54 回 物性若手夏の学校講義ノート, 『物性研究』, **93** (6), 911–934 (2010 Mar).

[11] T. Nakagaki, H. Yamada and A. Tóth, Maze-solving by an amoeboid organism, *Nature*, **407** (2000), 470.

[12] T. Nakagaki, H. Yamada and A. Tóth, Path finding by tube morphogenesis in an amoeboid organism, *Biophys. Chem.*, **92** (2001), 47–52.

[13] T. Nakagaki, H. Yamada and T. Ueda, Interaction between cell shape and contraction pattern, *Biophys. Chem.*, **84** (2000), 195–204.

[14] T. Saigusa, A. Tero, T. Nakagaki and Y. Kuramoto, Amoebae anticipate periodic events, *Physical Review Letters*, **100** (2008), 018101.

[15] 高木清二・中垣俊之「真正粘菌による自己組織的な鉄道網設計」,『現代化学』, No.477, 48–51（2010 年 12 月）.

[16] Y. Tanaka and T. Nakagaki, Cellular computation realizing intelligence of slime mold physarum polycephalum, *Journal of Computational and Theoretical Nanoscience*, **8** (2011-March), 383–390. DOI: 10.1166/jctn.2011.1702.

[17] A. Tero, R. Kobayashi and T. Nakagaki, Mathematical model for adaptive transport network in path finding by true slime mold, *J. Theor. Biol.*, **244** (2007), 553–564.

[18] A. Tero, S. Takagi, T. Saigusa, K. Ito, D. P. Bebber, M. D. Fricker, K. Yumiki, R. Kobayashi and T. Nakagaki, Rules for biologically-inspired adaptive network design, *Science*, **327** (2010), 439–442.

[19] K. Ueda, S. Takagi, Y. Nishiura and T. Nakagaki, Mathematical model for contemplative amoeboid locomotion, *Physical Review E*, **83** (2011), 021916. DOI 10.1103/PhysRevE.83.021916.

第2章
生物集団の現象数理
アリの集団行動

西森 拓

2.1 いきものの群れと数理

2.1.1 群れるという現象

　カモやマガンなどの渡り鳥，マグロやカツオなどの回遊魚が群れをなして大陸・大洋を大移動するように，アリ，バッタなど昆虫の群れも，個々の体のサイズに比べてはるか遠くまで移動し，餌採や営巣を行う．このように，大小さまざまないきものが群れをなして移動する意義について，生態学的な観点からさまざまな解釈がなされてきた [4]．一方で，これらの群れのダイナミクスを支配する基本ルールは，総じて未解明といえる．これまでわかっていることは，個々の魚や鳥は，自分の位置から得られるきわめて限定的な情報（視覚情報・聴覚情報・嗅覚情報・触覚情報など）をたよりに，——たとえば，近隣の他者との相対位置や相対速度を個別に判断して——進むということである [11, 15, 17, 18]．にもかかわらず，集団を外からみれば，あたかもリーダーが存在するように，全体の統率のとれた動きをしている．結果として，群れ全体としての機能が生み出される．たとえば，魚が群れをなして泳ぐことによって，各個体が受ける流体力学的抵抗を減らし，全体としての移動エネルギーの損失を少なくするという仮説は（その例外も指摘されているにせよ）

一定の説得力をもつ [19]．また，集団を組むことで，天敵に対して外見上の脅威を与えること，さらに，敵から襲われた場合における個体あたりのリスクの低減効果なども類推されてきた．

2.1.2 群れるという現象を数理的に表すということ

上で示したように，群れのダイナミクスの様態は実に多彩であり，個別の事例を蒐集するだけでも興味はつきない．ただし，それだけでは，現象の「陳列」であって「理解」にはたどりつかないであろう．では，「理解」するにはどうすればよいのか．筆者が思いつく理解への道筋は，まず現象自体を知ることから始まる．これは上記の個別の事例の蒐集に対応する．その後，現象の特徴を抽する→特徴が発生するための条件を探索する→条件間の関係性を求める→関係性を整理し概念を付与する，という手順で進む．自然科学においては，実在する対象のあり方＝現象の記述が何よりも重要な位置を占め，最終的に得られる理解は，対象の何らかの性質を反映したものでなければならない．

一方で，数学という学問がある．これは，現象があろうがなかろうが関係ない．命題が提出され，その真偽を論理の積み重ねによって確かめられるならば十分である．それを使って何かを理解するのではなく，無矛盾な命題の連鎖が構築されれば，数学的体系として成り立つ．本章では，計算機モデルによるアプローチも数学的手法の一部とみなす（むろん論理の発見・組み立てという根幹的な作業はそこには介在しないが）．計算機自体はアルゴリズムがあればそれに忠実に動作し，計算はきわめてロジカルに進行する．また，計算機に与えた命令が，実際の現象に則したルールセットであるかどうかは計算機にとって関係ない．

我々は，本章で，計算機モデルによるアプローチを含めた数学的手法を，群れ現象，とりわけアリの集団行動の理解に活用しようと試みる．錯綜したようにもみえる複雑な現象の論理をときほぐすために，現象の観察にもとづく個別の「ルール」を仮定し，数学的枠組みにいったん取り入れ，その後，ルールが引き起こす数学的帰結をもとの現象と比較することで，ルールの正当性

を評価し，その評価に従ってルールを更新し，再び同じプロセスをくり返す．数学的帰結と現象があるところまで接近・収束した段階で，我々はそのルールを「現象数理モデル」と名づける．この過程を本章では仮に「現象数理学的手法」とよぼう．

以下の節では，アリの集団行動にかかわる諸現象と数理モデルを交互に行き来する形式をとる．ここで扱う現象は総じて素朴であり，提示されるモデルも初歩的である．ともかくも，自然が我々に提供する「現象そのもの」を目の前にして，我々は「モデル」をどのように構成し，現象の「理解」にせまっていくべきなのか，その工夫のプロセスを体感してほしい．

2.2 現象その1——アリの生態

アリは，ハチと並んで「社会性昆虫」とよばれる昆虫の代表例である．社会性昆虫とは広い意味では，複数の個体がさまざまな協同作業をする昆虫と解釈される．具体的には，巣の構築，集団採餌，他コロニーとの競合・闘争など，さまざまな局面でコロニー内のアリが互いに協力しあう．これは高度に脳が発達した類人猿や人間などの社会にも共通した生存戦略ともいえる．ただし，類人猿や人間などの社会でみられるような，少数のリーダーによる統率はみられない．逆に，リーダーがいなくても互いに協調せざるを得ないところにこそアリ集団の生態学的な特徴がある．これは，アリが狭義の意味の社会性昆虫，すなわち「真社会性昆虫」であることに起因している [20]．真社会性昆虫とは，集団内の大多数の雌個体が不妊であることを柱とした，3種の条件（2.2.2項）を満たす昆虫である．これは，「自身の遺伝子をより多く残す種が生き残る」というダーウィンの自然選択説において決定的に不利な習性のように思われる．本節では，真社会性昆虫という事実を軸に，アリ特有の生態について，駆け足で紹介していく．

2.2.1 アリの生活史

アリは，コロニーを単位として集団で生活をしている．アリのコロニーとは，1匹の（もしくは少数の）女王アリのもと巣を共有する遺伝的に類似性の高いアリ集団である．女王候補アリは親コロニーから出て結婚飛行を行い，別コロニーから出てきた雄アリと交尾を行うが，その場で受精するのではなく，いったん受精嚢に精子を蓄える．交尾のあと雄アリは死亡し，女王候補アリは営巣に適した新たな場所を探し，単独でコロニーをスタートさせる．新たな巣の中では，受精嚢の精子を受精し子を増やしていく．受精によって生まれる子アリのすべては雌アリで，そのほとんどは働きアリもしくは兵アリとして，巣の維持管理，採餌，巣の防衛などにあたる．また，ごく一部の女王候補の雌アリは羽アリとなり，結婚飛行に旅立ち，その後新たな巣をつくる．一方，コロニー内で少数派となる雄アリは女王アリの未受精卵から生まれるため雄アリの父親は原理的に存在しない．雄アリは巣に長期間とどまることなく交尾のため結婚飛行に飛びたつ．このように，女王候補アリ，および雄アリの結婚飛行により，コロニーと類似な遺伝子を次世代に引き継ぐ．また，各コロニーは女王アリが死ぬまで維持されるが，その期間は長いもので10年を越える．

上に記したように，各コロニーを構成する働きアリや兵アリは，協調して卵や女王の世話，子育てを行い，採餌や防衛，闘争などさまざまなタスクを行う．これらのタスクの組み合わせによって，個々のアリの能力からは想像もできない複雑な組織行動が生まれる．たとえばハキリアリは，植物の葉や花を切り取り，これを直接食用にするのではなく，培地とキノコなどの菌類を育て栄養を摂取する．そこには葉の採集役，防衛役，栽培担当など大規模な分業制が成立しておりコロニー単位の「集約農業」が行われている．

注目すべきことは，これらの多様な分業を成立させているアリのコロニー構成員が，遺伝子的に高い均一性を有し，また，アリ各個体の脳は，地球上の動物の中でも最軽量級に属するという事実である．生物の進化の歴史は，多様化と高度化の歴史という印象が強いが，地球上でもっとも繁栄を謳歌して

いる生きものの1つといえるアリは，個体レベルでみる限り，それと正反対の，一様化と単純化の道をたどっている．これは，アリの生存戦略のみならず，人間や計算機を含めたあらゆる集団の機能発現に関わる次の基本的な問題に結びつく．すなわち，

> 単純で，かつ均一性の高い要素だけで構成されるシステムが，どのようにして，複雑な分業制を自ら組織し，高度な作業を集団で安定して処理し続けるのか．

という問題である．具体的な適用例をあげるならば，ロボット群やコンピュータ群によるさまざまなタスクの自律分散処理問題や，複雑な生産システム・配送システムの設計問題も，アリ集団の行動の解明と関連すると思われる．以下，アリの社会性や役割分業の話題を中心に，アリの基本的特徴を簡単に説明していこう．

2.2.2 利他的行動

アリは，真社会性昆虫とよばれる．これは，その1つでも満たせば「広い意味での社会性」をもつとみなされる次の3条件を，すべて満たしている昆虫だからである [20]．

1. 複数個体が協調して子育てをする．
2. 子供を産まない個体（働きアリと兵アリ）と子供を産む個体（女王アリ）という生殖上の分業が行われている．
3. 2世代以上が同じコロニーに同居して子育てを行う．

なかでも，上の2番目の条件に関して，コロニーの大多数を占める働きアリが自分の子を産み育てる代わりに，女王の子供（自分の妹）を育てる行動は，種の生き残りの基本原理ともいえるダーウィンの自然選択説に反しているようにみえる．これは，生き物にとっての最大利得（＝自身の遺伝子を残すこと）を犠牲にする行動であり「利他的行動」とよばれる．利他的行動を特徴とする真社会性昆虫の繁栄は，長らく自然選択説の未解決課題であった．こ

の問題をおおよそ満足な形で解決したのが，ハミルトンによる「包括適応度」および「血縁度」の導入であった [9, 10]．包括適応度は，自分の遺伝子そのものでなくても，自身の遺伝子とできるだけ類似な遺伝子を次世代により多く残すことを重視する指標で，いいかえれば遺伝子継承の集団戦略に目を向けさせるものである．さらに，血縁度とよばれる 2 者間の遺伝子の類似性の定量的指標を適用すると，アリやハチなどの膜翅目の染色体の特徴である「半倍数性」が，上記の利他的行動を包括適応度上昇に結びつけるものであることがわかった．包括適応度と血縁度を考慮した血縁選択説の詳細，およびその問題点については，後の数理モデルの節で説明する．

2.2.3 役割分化

アリの役割分担に関しては，「カースト」とよばれるコロニー内での個体集団の階層化がよく知られている．カーストとは，各個体にとって一生の間ほぼ変動しない生得的な階層化である．一方で，コロニーの時々刻々の状況に応じて，カーストの違いを越えた個々のアリの一時的な役割変化が起こることもある．

まず「カースト」による役割分化をとりあげよう．もっとも重要なものは，コロニー内で唯一子供を生産できる女王と，コロニーの大多数を占める働きアリの違いである．すべての働きアリは雌であるが，例外的な場合を除き子供を産まないため「不妊カースト」と称される．不妊カーストの存在は社会性昆虫としてのアリの最大の特徴であり，その生態学的意義は後で述べる．

次に，働きアリ内部の階層化の例として，個体サイズで分類されたカーストがある．たとえば，オオズアリでは同一コロニー内に大型働きアリ（もしくは兵アリ）とよばれる大きい個体，小型働きアリとよばれる小さい個体が共存しており，各集団をカーストとみなせる．大型働きアリは主に外敵からコロニーを守る役割をし，小型働きアリは卵や幼虫のケアや巣の保持行動を主として担う．サイズで分かれたカーストをサイズカーストとよぶ．

ただし，同一のカーストの構成員であっても，日齢（年齢より短い単位の経時変化が重要であるためこのような用語を使う）とともにその役割の詳細

を変えていく．日齢が浅いうちは，働きアリはそのサイズに関係なく巣内部にとどまる．最初は卵の世話を行い，日齢が増すに従って，大型働きアリが外部で敵からコロニーを守る役割を担うようになり，さらに日齢が増すと小型働きアリも順次巣外部にでるようになり，採餌作業などを担当し始める．このようにカーストと役割が一対一対に固定しているわけではない．

一方で，カーストに依存した役割分化とは異なり，コロニーを囲む時々刻々の状況に応じて，カーストを越えた役割分化が発生する場合がある．ここではこれを「状況依存型役割分化」とよぼう．自然のコロニーにみられる状況依存型役割分化として知られているものに，アカシュウカクアリの例がある[8]．ゴードンらは，アカシュウカクアリの自然のコロニーにおいて，偵察，巣の維持・補修に携わっていたアリをそれぞれ捕獲し，役割に応じて色を塗りわけることによってマーキングを行った．その後，それぞれの色のアリの仕事内容を継続的に観察することで，各役割を担うアリがほぼ固定していることを確認した．次に，役割別にコロニーに負荷を与える擾乱実験を施した．具体的には，巣から一定距離離れた位置に多量の餌をセットすることで通常時より多くのアリを採餌に動員せざるを得ない状況をつくり出した．また，別の実験で，巣近くに敵対する種のアリを配置することで，通常の防衛力では足りない場面をつくり出した．これらの操作のうち通常時を大きく越えた量の採餌の必要性が発生した場合，通常は偵察や巣の維持・補修にあたっているアリが採餌に従事し，また，敵対者が現れた場合は，コロニーの状況に応じて役割の変化が起きることがわかった（図 2.1）．

他方，ウィルソンらは，実験室において大型働きアリと小型働きアリからなるオオズアリの人工コロニーを構成し，状況依存型役割分化を観察した．具体的には，双方の型のアリの構成比を自然のコロニーでの比率とは異なるよう系統的に変更し，その際，両者がそれぞれ受けもつ役割が自然のものからどれだけ変動するか観察した[21]．その結果，全働きアリ中の大型働きアリの構成比を自然のコロニー内の構成比 (5–30%) 以上に高くすることで，大型働きアリの中に小型働きアリの役割（幼虫の世話など）を「代行」するものが，系統的に増加することを見いだした．これらは，何らかの方法で，コロニー構成員各々が，コロニー全体として必要とされる仕事を感知し行動を変

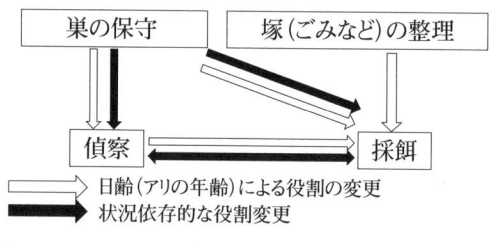

図 2.1　アカシュウカクアリの状況依存型役割再編 [13].

える仕組みが存在することを示唆している．くり返すが，アリのコロニーには全体を統括する個体は存在しない．

2.2.4　怠けアリの存在

最近になって，シワケアリの状況依存型役割再編に関して，石井・長谷川による興味深い実験が行われた [12]．シワケアリの働きアリの体サイズは，オオズアリのように二極化はしておらず，いわゆるサイズカーストは存在しない．石井らはシワケアリの人工コロニーを編成し，個体ごとにペイントマーカーで印をつけ，個々のアリのさまざまな活動の様子を継続的に観察した．これにより，各コロニー内のシワケアリの活動度分布は，きわめて広い分散をもつことを確認した．ここで活動度とは，それぞれのタスク（巣の管理，採餌，幼虫の世話など）に従事している頻度である．これより，活動度分布における分散の大きさは，ほとんど働かない時間の長い「怠けアリ」から働きづめの「勤勉アリ」までコロニー内に共存しているということを意味する．

石井らは，人工コロニー内のもっとも活発なアリ集団，およびもっとも怠け者のアリ集団を特定し，それぞれの集団をコロニーから取り除き，活動度分布の変化を観察した．その結果，活動度の高いアリ集団を除いた新コロニーでは，もとのコロニーで活動度の弱かった「怠けアリ」の一部が高い活動度を示し始めた．一方で，活動度の低い「怠けアリ」集団を除いた新コロニーにおいては，逆に，それまで活動度の高かったアリの一部の活動度が低下し「怠けアリ」となってしまった．

これらの実験結果は，上で説明したウィルソンの実験による状況依存型役

割再編と表面的には類似している．ただし，ウィルソンの実験は，コロニーの状況に依存したタスク内容の再編であり，石井らの実験で得られた活動度の推移とは異なる．状況に応じて，活動をしていなかったアリが活動を開始するだけでなく，活動的であったアリが除去されたコロニーで活動度の弱いアリ集団の補完をして「怠け始める」という観察結果は，コロニーにおける活動度の多様性の重要性，言い換えれば，「怠け者も働き者と同様にコロニーの維持のために不可欠な存在」であることを示唆している．

2.3 数理その1——アリの生態の数理

前節では，アリの生態に関して得られてきた知見を，実験・観察面から記述したが，これを受けてアリの生態に関する数理モデルを考えていこう．

2.3.1 利他的行動の現象数理

アリの真社会性を示す利他行動の起源に関しては，ハミルトンの提唱した「包括適応度」および「血縁度」を介した解釈が一般的である [9, 10]．アリやハチなどの膜翅目の染色体の特殊性である「半倍数性」を考慮した「血縁度」を計算することで，コロニー内の働きアリはなぜ不妊カーストを構成するのかが理解できる．以下，「血縁度」「半倍数性」，および，「包括適応度」について簡単に説明する．

[包括適応度と血縁度にもとづく利他行動の解釈]

「半倍数性」とは，膜翅目特有の遺伝子継承様式である．半倍数性であるアリやハチの雌は，我々ほ乳類乳同様，受精卵から生まれ，父親由来と母親由来の個々の遺伝子を1セットずつ，合計2セットの遺伝子をもつが，雄は，未受精卵から生まれ，母親由来の個々の遺伝子1セットのみを受け継ぐ．そのため，雌は2倍体とよばれ，雄は1倍体とよばれる．次に，動物の2個体間

における遺伝子の類似度，すなわち「血縁度」をハミルトンのアイディアにもとづいて導入しよう．（アリに限らず）「個体 A に対する個体 B の血縁度」とは，個体 A がもつ個々の遺伝子がどれだけの確率で個体 B の個々の遺伝子に含まれているかという指標である．以下これを記号 $P(A|B)$ で表す．

(1) 倍数性の動物間の血縁度

人間を含め地球上の動物のほぼすべてにあてはまる倍数性の場合，父親に対する娘の血縁度 $P(父|娘)$ は，自分の遺伝子の半分が娘に引き継がれるので，$P(父|娘) = \frac{1}{2}$ となる．同様に，娘に対する父親の血縁度も $P(娘|父) = \frac{1}{2}$ となる．直接の親子関係だけでなく，たとえば両親を介した姉妹（ここでは娘 A と娘 B とする）間の血縁度も次のようにして計算できる．まず娘 A に対する娘 B の間の血縁度のうち，父親を介しての寄与は $P(娘\,A|\,父)\cdot P(父|娘\,B) = \frac{1}{2} \times \frac{1}{2} = \frac{1}{4}$ となる．母親を介しての寄与も同様であり，$P(娘\,A|\,母)P(母|娘\,B) = \frac{1}{2} \times \frac{1}{2} = \frac{1}{4}$，結局，姉妹間の血縁度は，

$$P(娘\,A|\,娘\,B) = P(娘\,A|\,父)P(父|娘\,B) + P(娘\,A|\,母)P(母|娘\,B) = \frac{1}{2} \tag{2.1}$$

となる（ただし父親と母親に血縁関係がないとしている）．

(2) アリ（半倍数性の動物）における血縁度

半倍数性のアリでは，近縁個体間の血縁度のあり方が人間と大きく異なってくる．まず，女王アリ（母）の各々の遺伝子は半分の確率でコロニー内の働きアリ（娘）の遺伝子に継承されるため，女王アリに対する働きアリの血縁度は，

$$P(母|娘) = \frac{1}{2} \tag{2.2}$$

となる．これは，女王アリに対する雄アリ（息子）の血縁度においても同様で

$$P(母 \mid 息子) = \frac{1}{2} \tag{2.3}$$

となる．また，働きアリに対する女王アリの血縁度も $P(母 \mid 娘) = \frac{1}{2}$ となる．ここまでは，人間の母娘間の血縁度と同様である．一方，父親に対する娘の血縁度は，（父親が1倍体のため，父親の遺伝子の内容は，すべてが娘に伝わるため）$P(父 \mid 娘) = 1$ となる．ところが，娘に対する父親の血縁度は（娘がもつ2セットの遺伝子のうち，父親は片方しか保有していないため）$P(娘 \mid 父) = \frac{1}{2}$ となる．以上より，両親を共有するコロニー内の働きアリ間の血縁度は，

$$P(娘\ A \mid 娘\ B) = P(娘\ A \mid 父)P(父 \mid 娘\ B) + P(娘\ A \mid 母)P(母 \mid 娘\ B) = \frac{3}{4} \tag{2.4}$$

となる．

上の議論の中で注目すべきことは，(2.2), (2.3) と (2.4) の間の大小関係，

$$P(娘\ A \mid 娘\ B) > P(母 \mid 娘) = P(母 \mid 息子) \tag{2.5}$$

である（図 2.2）．半倍数性のアリやハチにおいては，親子間の血縁度より，姉妹間の血縁度の方が高いのである．ハミルトンは，ダーウィンよる適応度＝自分の子の繁殖によって自分の遺伝子をより多く次世代以降に残す能力を

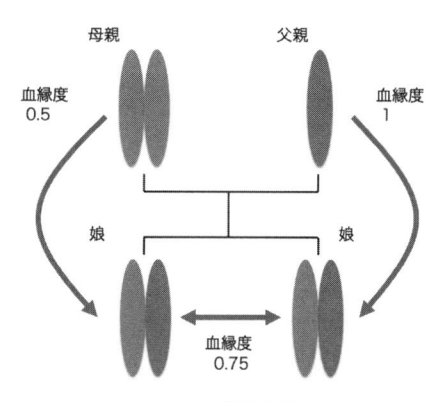

図 **2.2** アリの半数倍数性 [13].

自分の遺伝子に「より近い」遺伝子を次世代以降に残す能力

と解釈しなおす．血縁度の計算をもとに，アリにとって，コロニー内の妹を育てる方が，自分の子供を産むより，よりすぐれた遺伝子継承戦略であると考えた．このように拡張された適応度の概念を「包括適応度」とよぶ．包括適応度はダーウィンが導入した適応度の自然な拡張として，アリの利他的行動発現の第一義的な根拠と考えられている[1]．

2.3.2 役割分化の数理

上で説明したように，コロニー内の働きアリが不妊カーストを形成し相互に協力し合うことは，抱括適応度と血縁度の導入により解釈が可能である．これらは，アリの進化の歴史の中で発達した社会的分業構造といえる．一方で，働きアリ内部での状況依存型役割分化は，日常の時間スケールで起こりかつ可塑性がある動的現象であり，その稼働機構はアリのみならず，さまざまな人工システムの設計にもつながる．以下，数理モデルを介して状況依存型役割分化の機構を考えていこう．

[役割分化のモデル]

状況依存型役割分化を再現する数理モデルとして，近年，「反応閾値モデル」が広く認知されるようになった．反応閾値モデルは，各アリが，個々のタスク（たとえば採餌行動）を実行に移すためには，有限の負荷（たとえば食料の枯渇度や空腹度）が必要だという仮定にもとづいている．逆に言えば，一定レベル（閾値）以下の負荷では行動を起こさないという仮定が基本となっている．実験においても，限界負荷=閾値の存在が確認されている [21]．ボナボーらは，コロニー内のアリ集団における反応閾値モデルを提案し，2.2.4項で紹

---

1) ここでは，利他行動の発生について，もっとも初歩的な考え方を記した．ただし，実際には，女王アリが複数の雄と交配する種もあり，その場合，「姉妹間の血縁度は3/4」というここでの前提が破れる．包括適応度と血縁度にもとづいて利他行動の発生を議論するには，実証にもとづいたより慎重な考察が必要である．

介したウィルソンの実験の状況を再現した [1, 2]．以下，まずタスクが 1 種類しかない場合の反応閾値モデルを説明していこう．

モデルの基本的仮定は次の 3 つである．

ボナボーの反応閾値モデル

1. コロニー内のすべてのアリは，タスクに応じたコロニー共通の負荷（たとえば餌の枯渇度）を時々刻々感知する．
2. コロニー内のいずれのアリもタスクを実行しない場合，コロニーとしての負荷は一定の割合で増加し続ける．
3. コロニー内でタスクを行っているアリの割合に応じてコロニーの負荷は時間とともに，低下する．

具体的表式に移ろう．いま，コロニーに N 匹の働きアリがいるとして，与えられたタスクに関する，1 匹あたりの負荷 s の時刻 t から $t+1$ 時間変化を，

$$s(t+1) - s(t) = \delta - \frac{\alpha N_{\text{active}}}{N} \tag{2.6}$$

で表す．右辺第 1 項の $\delta(>0)$ は，タスクを実行するアリが 1 匹もいない場合の，単位時間（ここでは 1）あたりのコロニーの負荷の増加量である．右辺第 2 項は，コロニー内の一定数 N_{active} の個体がタスクを実行した場合に 1 匹あたり $\frac{\alpha N_{\text{active}}}{N}$ だけの負荷が減る効果を表現している．ここで，$\alpha(>0)$ は比例定数である．次に，タスクを実行していなかった個体 i が，単位時間あたりにタスク実行状態に移行する状態遷移確率を

$$P(Y_i = 0 \to Y_i = 1) = T_i(s) = \frac{s(t)^2}{s(t)^2 + z_i^2} \tag{2.7}$$

と表す．ここで，$Y_i = 0, Y_i = 1$ は，それぞれ，タスク実行前の状態，実行中の状態であり，$z_i(>0)$ は個体 $i(1,\ldots,N)$ がタスクを実行するための限界負荷すなわち反応閾値である．また，タスク実行を停止する遷移確率は，個体によらない値 $p(>0)$ をとるとして，

$$P(Y_i = 1 \to Y_i = 0) = p \tag{2.8}$$

と表現する．以上の (2.6)–(2.8) が，ボナボーら反応閾値モデルの基本形である．

ボナボーらは，反応閾値モデルを 2.2.3 項で紹介したウィルソンらの状況依存型役割分化の実験と対応させた．実験結果は，コロニー内での小型働きアリの構成比が不足した場合，大型働きアリの一部が小型働きアリが本来対処すべきタスク（卵の世話など）を代行し始めるというものであった．この状況を，単一タスクの反応閾値モデルに対応させるために，次のように設定した．まず，反応閾値には大型働きアリの反応閾値 z_M と，小型働きアリの反応閾値 z_m の 2 種類があるとする．また，注目するタスクを本来小型働きアリが役割分担するタスクとみなし，

$$z_M > z_m \tag{2.9}$$

と表現した．

反応閾値モデルは，きわめて単純であるが，そのままの表現では解析的な取り扱いが難しい．そこで時間を連続化して，微分方程式に書き直すと，式 (2.6)–(2.8) は，

$$\frac{dx_M}{dt} = T_M(s)(1 - x_M) - px_M, \tag{2.10a}$$

$$\frac{dx_m}{dt} = T_m(s)(1 - x_m) - px_m \tag{2.10b}$$

となる．ここで，x_M, x_m は，大型働きアリと小型働きアリのそれぞれの中で，本来小型働きアリが果たすべきタスクを果たしている個体の割合である．また，$T_M(s), T_m(s)$ は式 (2.7) と同様で，z_M, z_m はそれぞれ，大型働きアリと小型働きアリの反応閾値であり，関係 (2.9) を満たす．さらに，式 (2.6) の時間変化を連続化すると，

$$\frac{ds}{dt} = \delta - \frac{\alpha N_{\text{active}}}{N} = \delta - \frac{\alpha(N_M x_M + N_m x_m)}{N} \tag{2.11}$$

と表される．ここで，N_M, N_m は，それぞれ，コロニー内の大型働きアリ，小型働きアリの個体数であり，コロニー内の大型働きアリの個体数比を $\dfrac{N_M}{N} = f$ と表すと，上式は，

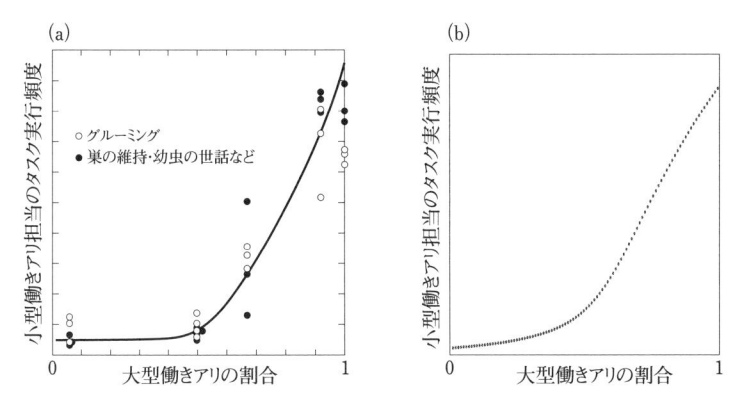

図 2.3 コロニー内の全アリに占める大型働きアリの割合（横軸）と，大型働きアリが主に小型働きアリのすべきタスクに従事する頻度（縦軸）の関係．(a) オオズアリにおけるウィルソンの実験結果 [21]．(b) 反応閾値モデル (2.10a), (2.10b), (2.11) による計算機実験の結果（ただし，$\alpha = 11, \delta = 1, p = 3.5, z_M = 6, z_m = 1, x_M(0) = x_m(0) = s(0) = 0.1$ とした）．

$$\frac{ds}{dt} = \delta - \alpha(fx_M + (1-f)x_m) \tag{2.12}$$

となる．以上を数値的に解いた結果を図 2.3(b) に示した．図中のグラフは，適当な初期条件の下，定常状態に達した後の f（横軸）と x_M（縦軸）の関係を表しており，ウィルソンの実験結果 (a) [21] との定性的な一致がみられる．

[流れ作業のモデル]

反応閾値モデルは，必要に応じたタスク従事者の構成比率変化だけでなく，より多様な役割分化の問題を扱えることがわかってきた．ここでは，アリのコロニーによる「流れ作業」を，反応閾値モデルによって再現する．流れ作業の簡単な例として，ハリアリの一種 (*Ectatomma ruidum*) による狩りがある ([1] の Chap.3)．ショウジョウバエがハリアリの縄張りにきたとき，まず殺し役のアリが活性化されショウジョウバエを殺す．その後，死体を運ぶアリが活性化される．すなわち，タスク間の流れ作業が発生する．いま，コロニー内のアリの性質がすべて均一と過程して，m 種類のタスクの流れ作業が，反応閾値モデルによって表現できるかを考えてみよう．具体的には，タ

スク i（ショウジョウバエへの攻撃）に関するストレスを s_i，タスクを開始するための s_i の閾値を z_i，タスク i の存在自体をみつける確率を p_i としてタスク開始確率 P_i を，(2.7) と類似の形，

$$P_i = T_i(s_i) = p_i \frac{s^2}{s^2 + z_i^2} \tag{2.13}$$

と仮定する．さらに，タスク i の遂行によって得られた生成物は，タスク $i+1$（ショウジョウバエの死体運び）による次段階処理に引き継がれるとする．以上を考慮すると，タスク i $(0 \leq i \leq m)$ に関わるアリの個体数比 x_i と，ストレス s_i の時間発展は，

$$\frac{dx_i}{dt} = T_{z_i}(s_i)\left(1 - \sum_{i=1}^{m} x_i\right) - px_i, \tag{2.14a}$$

$$\frac{ds_i}{dt} = \alpha(x_{i-1} - x_i) \tag{2.14b}$$

と表される．ただし，$x_0 = 0$ とする．図 2.4 は，タスクの種類を 5 段階とした場合の計算結果である．それぞれの役割を担うアリの個体数が順にピークを迎えていく様子が示されている．

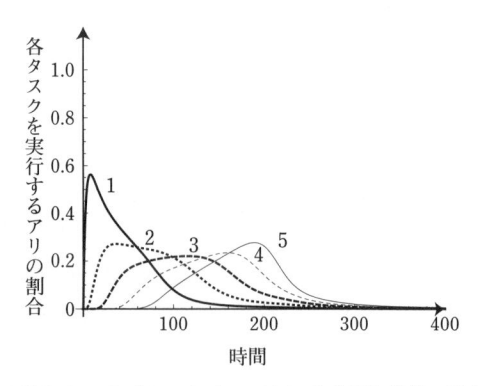

図 **2.4** 反応閾値モデル (2.13), (2.14a), (2.14b) による流れ作業の計算機実験の結果．横軸は時間，縦軸は 5 種類のタスクそれぞれの実行状態にあるアリの割合．まず，グラフ 1 で示されたタスクにアリがもっとも多く動員され，その後グラフ 2, 3, 4, 5 で表されたタスクの順番に，多くのアリが動員される．

2.4 現象その2——アリの採餌行動

採餌行動は，多様で複雑なアリの行動の中でも，コロニーとしての協調性・組織性を際立たせるものであり，自然環境下での観察が容易である．そのため，さまざまな種についての採餌行動の観察データが集積しつつある．また，人工コロニーによる実験室内でのデータ収集や解析の手法も進展し，採餌行動はアリの研究の中でも重要で活発なテーマの1つとなっている．本節では，採餌行動に関する基本的な要素やメカニズム，および興味深い採餌様式を紹介していく．

2.4.1 採餌行動における動員

多くの種のアリにおいて，集団による組織的採餌が行われることが知られている．集団採餌が開始され維持される際欠かせないのは，餌が最初に発見されたあと，その情報を巣で待機する多くの仲間に正しく伝えるということ，および，仲間を餌場まで誘導してコロニーとしての効率的採餌につなげるということである．以下では，餌場への誘導に着目していく．

[トレイルを利用した大量動員]

まず，フェロモンを利用したトレイル（=アリの行列）構築による集団採餌を考えよう．道しるべフェロモンを利用する多くのアリの種（日本ではトビイロケアリなど）では，最初に餌を発見したアリが，誘引性の化学物質，すなわち道しるべフェロモンを点状に分泌しつつ巣に向かう．巣にたどりついた後，コロニー内の仲間に直接接触や化学物質を通じて，餌発見の情報を伝え，これによって，採餌アリの組織的動員が始まる．動員されたアリは，発見者が分泌した道しるべフェロモンの軌跡に沿って餌にたどり着き，その後，餌を得たアリがトレイル上に新たな道しるべフェロモンを上書きすることでトレイルが自然に強化され維持される．このような「自己増強過程」は，ア

リのトレイル形成のみならず，自然界のさまざまなパターンの形成に関連している．自己増強過程を一言で表すならば，初期に偶然発生した微小なゆらぎが時間とともに成長しシステム全体を支配する過程といえよう．

アリのトレイル形成がこのような自己増強過程であることを簡単な方法で示したのが，ドネブールによる実験である [5]．ドネブールらは，図 2.5 のように，アルゼンチンアリの巣と餌場を結ぶ「歩道橋」を使ってアリに採餌を行わせた．ただし，採餌経路は中間部で左右同等に分岐している．実験初期段階ではアリはいずれの経路も使用して餌場に行き来するが，時間が経過するにつれて，どちらか一方の経路のみが高頻度で使用されるようになった．これを，自己増強過程による自発的な対称性の破れとみるのは自然であろう．他方，より複雑で興味深い現象も同様の「歩道橋」分岐路実験によって得られている．ダストアらのトビイロケアリを使った実験 [7] では，経路を通行するアリの個体密度がある一定値を上回った場合，片側の経路に偏る傾向がむしろ緩和され，アリ密度の平均化が起こることが報告されている．このことは，アリの採餌経路選択において，自己増強過程とは異なった因子が含まれていることを示唆している．

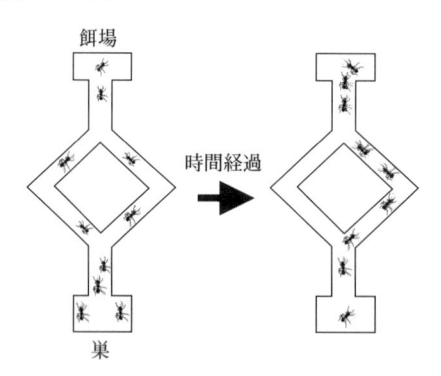

図 **2.5** 巣から餌場に向かう「歩道橋」を途中で同等な 2 つのものに分岐させる実験．時間とともに片方の経路が選ばれるようになる．

[トレイルを利用しない動員]

次に,「タンデム走行」とよばれる餌場への動員方法を紹介する.ハダカアリなどフェロモンのトレイルをつくらない種において,餌を最初に発見したアリが巣に戻り,他のアリを動員し,2匹(もしくは3匹以上)の少数集団で餌に向かう状態をタンデム走行とよぶ[20].餌発見者は,追従者をガイドするためにフェロモンを分泌するが,並行して追従者との直接接触も欠かさない.そのためフェロモンの分泌と追従のみの連鎖は起こらず,よって,トレイルは形成されない.このように,近隣のアリ同士の情報交換にのみフェロモンを利用するタンデム走行は,アリがより効率的な集団採餌方法——トレイルによる採餌——を発見するに至る進化の途中段階を示唆している[20].

2.5 数理その2——アリの採餌行動の数理

前節で紹介したように,アリの採餌方法は種によって大きく異なる.その中で,フェロモンによるトレイルの形成とトレイルを利用した大量採餌は,多種のアリで共有される代表的な採餌方法といってよいであろう.以下では,ドネブールらの分岐経路実験で示されたフェロモン場の自己増強過程と,自然のコロニーにおけるトレイルの形つくりの2つのトピックに焦点をあて,対応する数理モデルを考えていこう.

2.5.1 経路自己増強の現象数理モデル

[確率的モデル]

ここで,ドネブールらの分岐経路実験[5]に関して,もう一度状況設定と結果を確認しよう.巣と餌を結ぶ経路の途中が2つに分岐し,各々が同等の経路長と形状をもつとする(図2.5).このような条件で,アリのコロニーに採餌行動を行わせると,初期はほぼ同等の頻度で2経路が利用されるが,時刻とともに,アリは一方の経路のみを利用するようになった.

さて，数理モデルに移ろう．どちらの分岐路を選択するにせよ，アリは，自分が選んだ分岐路上でフェロモンを分泌する．フェロモンが蓄積すると，そこに他のアリが誘引される．ドネブールらは，トレイルの自己増強過程のみに焦点をあてて現象を単純な形で表現するために，分岐路にさしかかったアリが左側もしくは右側の分岐路を選ぶ確率を，それぞれ，

$$P_L = \frac{(k+L_i)^n}{(k+L_i)^n + (k+R_i)^n}, \quad P_R = \frac{(k+R_i)^n}{(k+L_i)^n + (k+R_i)^n} \qquad (2.15)$$

とした．L_i と R_i は，それぞれ，数値実験開始時から時刻 i までに左側および右側の分岐経路を選んだアリの総数で，n は，個々のアリのフェロモンの強弱の感知の仕方に関するパラメータであり，実験の結果にフィットするように試行錯誤によって調整する．k も同様に実験との対応から決定する調整変数である（具体的には，$k = 20, n = 2$ とした）．上のルールに従って，片側の経路の選択確率の時間変化をみたものが図 2.6 右図である．これは，実験結果（図 2.6 左図）と定性的に一致する．

ドネブールのモデルの優れた点は，フェロモンの分泌・追随による自己増強過程という現象の「つぼ」を可能な限り簡単なルールで表現したところにある．具体的には，(i) 各分岐路を右と左というように空間変数を 2 値化したところ，(ii) フェロモンの蓄積量を過去に通過したアリの数に比例するとしたところ，さらに，(iii) フェロモンへの追随の仕方を観察から得られた簡単な関数で表現したところ，以上 3 点にドネブールの数理モデリングの「上手

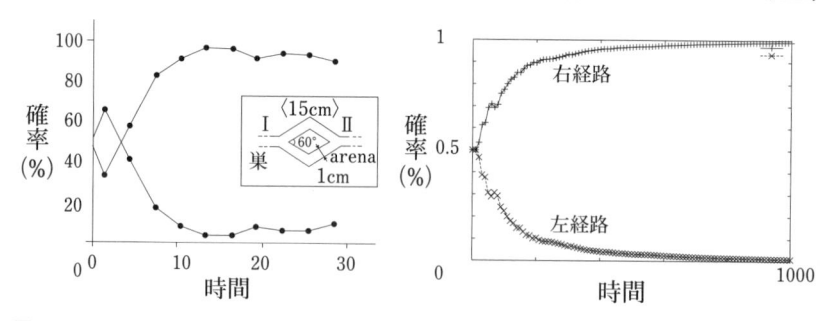

図 **2.6** 図 2.5 で示された実験と，式 (2.15) で表されたドネブールの確率モデルによる計算機シミュレーションの対応．両者とも，時間とともにほぼ片側の経路のみ選択されるようになる．

さ」がよく濃縮されている．ただし，多数のアリが通行する分岐路において左右経路が平均的に使われる現象（2.4.1 項）には，ドネブールのモデルは対応していない．この現象を再現するには，自己増強過程以外に，これを抑制する機構もモデルに取り入れる必要がある．

[微分方程式モデル]

ドネブールらのモデルの結果は，フェロモンが濃いところにアリが集まり，アリの集積によってフェロモンがますます濃くなるという，いわゆる「自己増強過程」の一般的な性質を反映している．これを微分方程式で表すとどのようになるだろうか．ここでは，ドネブールらの実験やモデルの忠実な微分方程式化ではなく，フェロモンの分泌・誘引による経路の自己増強過程を一般化した微分方程式モデルを構成してみよう．まず，図 2.5 内の右側・左側それぞれの経路がアリの引きつける「誘引力」をフェロモン濃度の増加関数ととらえ，片方を経路選択するアリの数の増減を，他方の経路との誘引力の差で表す．具体的な表式は，

$$\frac{d\rho_L(t)}{dt} = F_{R \to L}(t)\rho_R(t) - F_{L \to R}(t)\rho_L(t), \tag{2.16a}$$

$$\frac{d\rho_R(t)}{dt} = F_{L \to R}(t)\rho_L(t) - F_{R \to L}(t)\rho_R(t) \tag{2.16b}$$

となる．ここで，$\rho_L(t)$ は片方（左側）の経路のアリの，$\rho_R(t)$ はもう一方（右側）の経路のアリの個体密度，$F_{R \to L}(t), F_{L \to R}(t)$ は，それぞれ，右側経路から左側経路に，左側経路から右側経路にアリが採餌経路を切り替えるためのフェロモンの誘引力と考える．(2.16a), (2.16b) の右辺同士の和はゼロなので系内のアリの総個体密度は保存される．

次に，誘引力 $F_{R \to L}(t), F_{L \to R}(t)$ の具体的表式を，簡単な仮定にもとづいて決める．すなわち，誘引力はフェロモン濃度がある閾値濃度に達すると急に増加するが，それ以外の濃度では大きく変化しないものとする．この仮定を満たす表式で比較的単純なものとして，

$$F_{R \to L}(t) = \frac{f_L(t)^2}{1 + f_L(t)^2}, \tag{2.17a}$$

$$F_{L \to R}(t) = \frac{f_R(t)^2}{1 + f_R(t)^2} \tag{2.17b}$$

を考えよう．ここで，$f_L(t), f_R(t)$ はそれぞれ，右側経路と左側経路におけるフェロモンの濃度である．誘引力を，あるタスク（一方の経路の選択）から別のタスク（もう一方の経路の選択）へアリの状態を変化させる確率とみなせば，この表式は，2.3 節の (2.7) における反応閾値 z_i を 1 としたものと読み替えることができる．最後にフェロモンの濃度変化を考える．経路を通るアリの個体密度に比例した量のフェロモンが滴下され，同時に，フェロモン濃度に比例して蒸発が起こると考えると，次の表式が得られる．

$$\frac{df_L(t)}{dt} = \beta \rho_L(t) - \gamma f_L(t), \tag{2.18a}$$

$$\frac{df_R(t)}{dt} = \beta \rho_R(t) - \gamma f_R(t). \tag{2.18b}$$

ここで，$\beta\,(>0)$ は単位個体密度のアリが短時間あたりに分泌するフェロモンの量，$\gamma\,(>0)$ はフェロモンの蒸発係数である．式 (2.16a), (2.16b) に従って，それぞれの経路に従うアリの個体密度が変化する様子を示したものが図 2.7 である．ただし右図は，アリの総個体密度を左図の 4 倍に設定した場合の計算結果である．図 2.7 左図は，一度優勢になった側の経路が，最終的にすべてのアリを集めることを示しており，図 2.5 で示したアルゼンチンアリの実験や図 2.6 で表された確率モデルの結果に対応している．一方で，図 2.7 右図は，アリの総個体密度が増えた場合，片方の経路にアリが集結する解が必ずしも安定ではなく，両方の経路が均等に使用される状況も発生することを示唆している．フェロモンを介した「自己増強過程」の概念を適用すれば，アリの総個体密度が高いほど，自己増強の傾向が強くなるようにも思え，この計算結果は，直感と反するようにもみえる．一方で，先に記したように，アルゼンチンアリとは異なる種のアリ（トビイロケアリ）の実験において，アリの総数が多いとき，分岐経路実験における双方の経路がほぼ均等に選択されるという報告もある [7]．[7] では，均等選択の由来を渋滞効果に

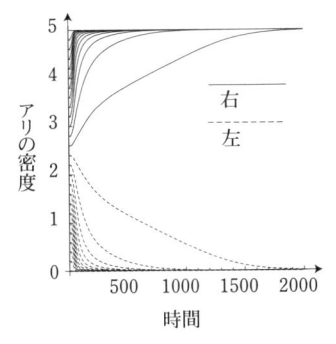

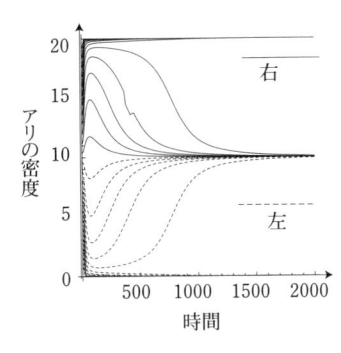

図 2.7 式によって得られた，2つの経路を選ぶアリの個体密度の変化．初期に左右の経路にさまざまな比率で個体を配置し，その後の時間発展をみた．実線は右の経路を選ぶアリ，破線は左の経路を選ぶアリの個体密度表し，初期比率を与えるごとに，上下対称な形状をもつグラフ1組が得られる．図では，さまざまな初期比率に対するグラフを重ね描きした．ただし，左図では右図の4倍の総個体密度を仮定している．

求めているが，図2.7右図の計算結果は，純粋にフェロモンによる走化性の効果だけでも，2経路の均等選択がありうることを示唆している．

2.5.2 トレイルの分岐構造形成の数理モデル

[確率的モデル：セル–粒子モデル]

ドネブールらは，巣から餌に向かって分岐していくグンタイアリのトレイルの形状がいくつかの典型的パターンに分類できることに着目し，それを定性的に再現する計算機モデルを提案した [6]．この数理モデルの最大の特徴は，トレイルの幾何学に注目したところである．先に説明した自己増強過程のモデルは，トレイル生成の基本機構をよくとらえているが，自然にみられるトレイルの複雑な形状形成やそこから派生する機能には十分に踏み込めない．すなわち，トレイルの空間自由度がもつ意味の検証に立ち入ることができない．

ドネブールらは，個々のアリを格子状の離散空間の中を動く粒子とみなし，アリから分泌されるフェロモンの濃度場の時間変化と粒子＝アリの動きを結合することで，自然環境における餌の供給状況に応じてトレイルの形状が変化することを定性的に再現した．このモデルをここではセル–粒子モデルとよ

ぼう．

具体的な計算の手順は以下のとおりである．

ドネブールのセル–粒子モデル

1. 格子状に並んだセルからなる場に，アリ個体に対応する粒子を N ($1 \leq N$) 個配置する（図 2.8）．
2. 場の中の 1 つのセルを巣とし，巣から離れた適当なセルに餌場を設置する．
3. 各時間ステップで N 個の粒子（アリ）からランダムに選ばれたアリは，隣接する進行方向セル（図 2.8 では右・上の 2 カ所）のフェロモンの濃度に応じた確率（式 (2.15) と同様の表式）で，いずれかのセルに進む．
4. 各セルでのアリの収容数には上限があり，上で選んだセル内が収容数の上限に達していれば，もう一方の進行方向セルに進む．またすべての前方セルが収容数の上限に達していれば，アリは動かない．
5. 各アリは隣接セルのいずれかに移動後，移ったセルに一定量のフェロモンを分泌する．ただし，セルにすでに規定量以上のフェロモンが存在する場合は分泌しない．
6. 各セルのフェロモンは時間とともに蒸発していく．
7. 餌にたどりついたアリは餌をとり，餌探索時と同様に各セルのフェロモン量を感知しながら帰巣する．その際分泌するフェロモン量は餌探索時より多量とする．ただし，進行方向セルは餌探索時と逆方向（図 2.8 では左・下の 2 カ所）とする．

ドネブールのセル–粒子モデルをきっかけとして，計算機モデルによるアリの集団採餌行動の再現が広く行われ，採餌トレイルの形状の再現（図 2.9）にとどまらず，トレイル形状と給餌状況に応じた採餌効率の関係まで言及されるようになってきた [16]．また，セル–粒子モデルよりさらに忠実に現実のアリの動きを反映する目的で，連続空間を考慮した粒子モデルも提案されている．たとえば，コージンらはトレイルの分岐構造だけでなく，トレイル内部でのアリの流れや役割分担まで詳細に再現することに成功した [3]．

[微分方程式モデル]

前出のセル–粒子モデルにもとづいた数値実験は，現象再現の強力な手法と

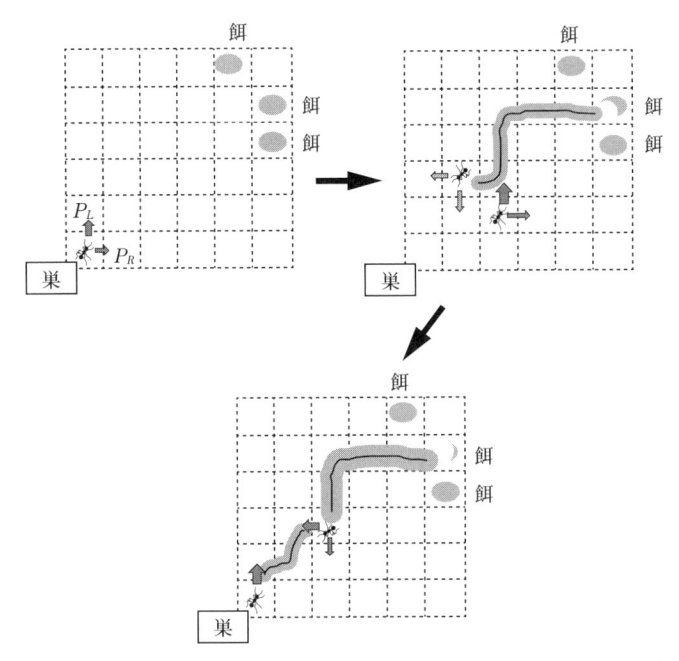

図 2.8 ドネブールのモデルの定性的説明．アリが左下隅の巣から出発し，図右上 3 カ所の餌場を探し出し，帰巣するまでの過程．探索時は右隣・上隣の 2 つのセル内のフェロモンの状態に応じて確率的に進み，帰巣時は左隣・下隣に進む．灰色線の太さはフェロモンの濃度を表す．

いえる．ただし，セル–粒子モデルのような計算機モデルで注意しなくてはならない点がある．まず，(i) 計算機モデルで用いた仮定が正確でなくても，アルゴリズムとして成立する限り何らかの結果が出力され，それがたまたま現象に似ているという「偶然の一致」がある．次に，(ii) 正しい仮定のもと正しい結果を出したとしても，計算機が「勝手に計算を実行してくれる」ため結果が出てくる機構が依然として明らかでない場合がある．これらの問題は，現象の数値実験に付随する，きわめて一般的な問題であり，複雑で興味深い非線形現象ほど，これらの傾向が強いという逆説的な事実がある．そのためには，計算結果を複数の視点から解析するなど，論理の網目をはりめぐらせることが必要である．

　先のドネブールのモデルでは，基本ルールがきわめて単純な一方で，複雑

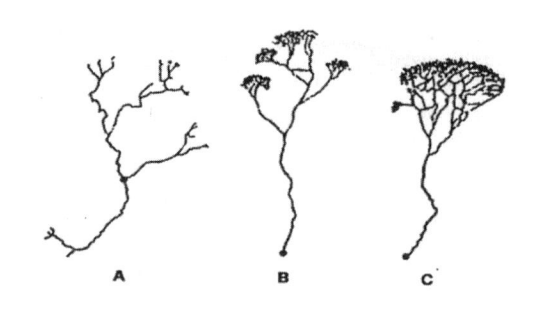

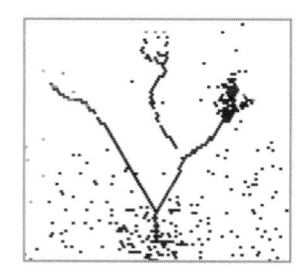

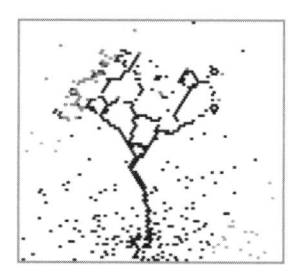

図 **2.9** 餌の分布状況の異なる地域に棲息する 3 種のグンタイアリのトレイル形状（上），2 種の異なる餌の分布状況の下，セル–粒子モデルの簡単な拡張 [16] により得られたアリのトレイル形状（下）．

な現象が結果として再現された．しかしながら，ルールと結果をつなぐ明快な論理の構成が依然として難しい．このような場合，計算機モデルとは異なる方向から問題にアプローチをしてみる必要もある．ここではセル–粒子モデルに対応する微分方程式モデルの作成を試みる．

ドネブールのセル–粒子モデルでは，1 個体ごとのダイナミクスの重ね合わせとしてアリ集団の動きをみたが，以下で導出される微分方程式は，アリ集団の密度の時間発展を扱う．ただし議論の入り口として，2 次元空間中の各々のアリの運動の方程式

$$\frac{d\boldsymbol{r}(t)}{dt} = \boldsymbol{K}(t) + \boldsymbol{\xi}(t) \tag{2.19}$$

を考える．ここで，$\boldsymbol{r}$ と $\boldsymbol{K}$ は各アリの位置と各アリが受ける力，また $\boldsymbol{\xi}(t)$ は

$$\langle \boldsymbol{\xi}(t) \cdot \boldsymbol{\xi}(s) \rangle = 2D\delta(t-s) \tag{2.20}$$

を満たすガウス白色ノイズとする（以下太文字の数学記号は 2 次元ベクトル量を表す）．また，力の具体的表式として，各アリはフェロモン濃度 $P(x,y)$ のより高い方向に向かって運動する性質（走化性）をもつとすると，$\bm{K} = a\bm{\nabla} P(x,y)$ と表現できる．ただし，a は正定数，$\bm{\nabla} = \left(\dfrac{\partial}{\partial x}, \dfrac{\partial}{\partial y}\right)$ である．このとき，空間各点 (x,y) での粒子集団の密度 $f(x,y,t)$ の時間発展を表す方程式を構成しよう．まず，(2.19) でノイズ項 $\bm{\xi}(t)$ がない場合は，粒子集団の流れ $\bm{j}(x,y,t)$ は速度と密度の積，

$$\bm{j}(x,y,t) = af(x,y,t) \cdot \frac{d\bm{x}}{dt} = af(x,y,t) \cdot \bm{\nabla} P(x,y) \tag{2.21}$$

で表される．これを保存の式に代入すると，

$$\frac{\partial f(x,y,t)}{\partial t} = -\bm{\nabla} \cdot \bm{j}(x,y,t) = -\bm{\nabla} \cdot [af(x,y,t)\bm{\nabla} P(x,y)] \tag{2.22}$$

となる．(2.19) におけるノイズ項は，現実のアリの運動において走化性がつねに実現するわけではないことをもっとも単純な形で表現したもので，集団運動の表式では拡散項として反映される．すなわち，

$$\frac{\partial f(x,y,t)}{\partial t} = -\bm{\nabla} \cdot [af(x,y,t)\bm{\nabla} P(x,y)] + D \triangle f(x,y,t) \tag{2.23}$$

となる．ここで，$\triangle = \dfrac{\partial^2}{\partial x^2} + \dfrac{\partial^2}{\partial y^2}$ である．フェロモンの濃度 $P(x,y)$ が時間的に変化する場合には，$P(x,y)$ を $P(x,y,t)$ とおき直す．各アリからフェロモンが常時分泌され，フェロモンは蒸発・拡散を起こすと仮定すれば，$P(x,y,t)$ の時間変化は，

$$\frac{\partial P(x,y,t)}{\partial t} = D_p \triangle P(x,y,t) - \alpha P(x,y,t) + \beta f(x,y,t) \tag{2.24}$$

と表される．右辺第 1 項はフェロモンの拡散を表し D_p は拡散係数である．右辺第 2 項はフェロモンの蒸発過程を表し α (>0) はその蒸発係数である．右辺第 3 項はアリによるフェロモンの分泌を表し，β (>0) は各アリの出すフェロモン分泌量を表す係数である．2 つの式 (2.23) と (2.24) を組み合わせると，アリの密度とフェロモン濃度の時間発展に関する閉じた微分方程式系

となり，これは，ケラー–シーゲル方程式（以下 KS モデル）とよばれる偏微分方程式系の一例となる [14].

KS モデルは走化性をもつ微生物の集団運動や粘菌の運動の記述に多く使用されてきたが，ここでは，アリの採餌行動の特徴を取り入れて，KS モデルを変形・拡張してみよう．まず，粒子密度がある限界以上になると動けなくなるという「渋滞効果」を導入してみる．そのためには，たとえば，流れの項 $j(x,y,t)$ に限界密度 f_0 を考慮した項を挿入して，

$$j(x,y,t) = af(x,y,t)\left(1 - \frac{f(x,y,t)}{f_0}\right) \cdot \boldsymbol{\nabla} P(x,y) \qquad (2.25)$$

とするのが，1つの案であろう．また，アリがフェロモンへの走化性以外の情報，たとえば太陽の偏光に従ってある方向 $\boldsymbol{A}$ に動く傾向があるとしよう．アリを動かす（ノイズ以外の）力として，(2.19) の $\boldsymbol{K}$ に $\boldsymbol{A}$ を加えればよいので，(2.23) は，

$$\frac{\partial f(x,y,t)}{\partial t} = -\boldsymbol{\nabla} \cdot [f(x,y,t)(\boldsymbol{A} + a\boldsymbol{\nabla} P(x,y,t))] + D \triangle f(x,t) \qquad (2.26)$$

と改変される．さらに，ある場所に餌があってそこにアリが集まり，餌が採取されるとそこからアリは立ち去ってしまうとする．これを実現するには，餌を「（フェロモンと同様の）アリを誘引する要素」とみなし，(2.26) において，項 $a\boldsymbol{\nabla} P(x,y,t)$ を $a\boldsymbol{\nabla} P(x,y,t) + b\boldsymbol{\nabla} g(x,y,t)$ と書き換えればよい．ただし $g(x,y,t)$ は餌の量，b は正定数であり，餌はアリによって採取させるので，

$$\frac{\partial g(x,y,t)}{\partial t} = -\gamma f(x,y,t), \quad \gamma > 0 \qquad (2.27)$$

となる．このように，元になる KS モデル (2.23), (2.24) を適宜改変することで，さまざまな採餌状況を微分方程式系として表現できる．

図 2.10 には，1次元経路の上の2カ所に餌を配置して，これを順に食べ尽くしていく状況（左図）や巣と2カ所の餌場を結ぶ分岐トレイルが構築される様子（右図）を描いた．ただし，計算の詳細，もしくは，より興味深い採餌状況の設定などは，読者への演習問題として残しておこう．

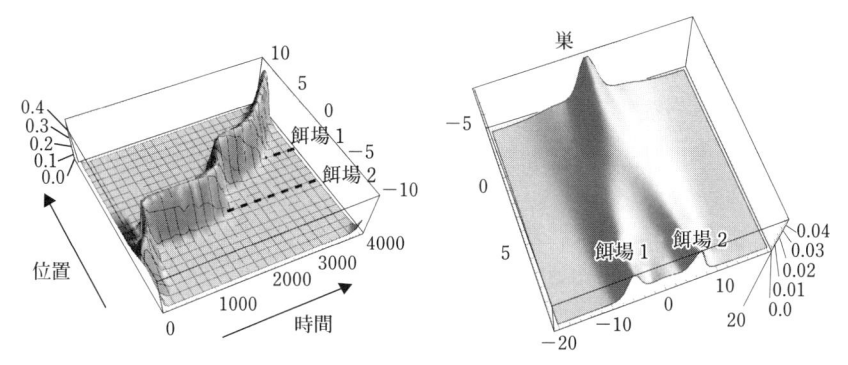

図 2.10 微分方程式モデルに従うアリの集団の採餌の様子．左図は点線上にある 2 カ所の餌場に立ち寄りながら 1 次元経路の上を採餌していく様子．右図は，1 カ所の巣（図上端）から 2 カ所の餌場（図下端）に向かうアリ集団が分岐トレイルを構成した状況．高さ方向の軸はアリの密度を表す．

2.6 現象と数理モデル

　本章では，アリの集団的な振る舞いを題材として，現象と数理モデルの双方を行き来しながら現象数理学の手法や考え方の一部にふれてきた．冒頭で記したように，数学は諸現象とはまったく独立して存在しつづける．そのため，現象の理解に数学的記述や計算が必ずしも有効なわけではない．目の前の人が自分に好意（もしくは敵意）を抱いているかどうかを知るために，あるいは好意をもたせるようにするために，多くの場合数学は役に立たない．しかしながら，アリの集団行動の理解には数学的記述が多少なりとも役立ちそうであることは，本章で例を示した通りである．これは，人間がアリより賢いからではけっしてない．雑踏の中の人の流れや高速道路上での車の群れ＝渋滞の発生には，多数の人間の状況判断が関係しているにもかかわらず，その記述にはアリの集団行動以上に数学が有効であることがわかってきた．

　ある現象が数学的記述になじむか否かは，現象を構成する要素レベルの複雑さ・曖昧さだけではなく，現象を捉える際の，我々の視点にも依存する．今回扱ったアリの集団行動の他，生体内での遺伝子や代謝物の反応ネットワー

クのように，かつては数学の運用が想像もされなかった対象への数学的アプローチが活発化している背景には，数学的もしくは数理科学的手法や計算機の発達のみがあるのではなく，むしろ，どの視点から現象を眺めれば，我々自身が現象を理解したことになるのかという「理解すること自身」への洞察の深化が大きく関わっていると思われる．

本章では，そのような「理解の本質」には言及できなかったが，現象そのものを知る段階，それを再現する数理モデリングをでっちあげる段階，現象の背後にあるロジックを探る作業まで，アリの群れという身近な実例を通して紹介した．とはいえ，まだ多くの面で舌足らずであることを反省している．現象数理学の手法の今後の展開と発展は，本章を読んで，「この程度なら自分がずっとうまくやれる」と感じられた読者の方々に担われるものと信じて本章を閉じたい．

参考文献

[1] E. Bonabeau, M. Drigo and G. Theraulaz, *Swarm Intelligence from Natural to Artificial Systems*, Oxford University Press (1999).

[2] E. Bonabeau, G. Theraulaz and J. -L. Deneubourg, Quantitative study of the fixed threshold model for the regulations of division of labour in insect societies, *Proc. Roy. Soc. Lond. B*, **263** (1996), 1565–1569.

[3] I. D. Couzin and N. R. Franks, Self-organized lane formation and optimized traffic flow in ants, *Proc. Rog. Soc. Lond. B*, **270** (2003), 139–146.

[4] D. H. Cushing, Why do fish school?, *Nature*, **218** (1968), 918–920.

[5] J. L. Deneubourg, S. Aron, S. Gross and J. M. Pasteels, The self-organizing exploratory pattern of the argentine ant, *J. Insect. Behav.*, **3** (1990), 159–168.

[6] J. L. Deneubourg, S. Gross, N. Franks and J. M. Pasteels, The blind leading the blind: Modeling chemically mediated army ant raid patterns, *J. Insect. Behav.*, **2** (1989), 719–725.

[7] A. Dussutour, V. Fourcassie, D. Helbing and J. -L. Deneubourg, Optical organization in ants under crowded conditions, *Nature*, **428** (2004), 70–73.

[8] デボラ・ゴードン，池田清彦・池田正子訳『アリはなぜ、ちゃんと働くのか』新潮 OH!文庫，新潮社 (2001)．（原著：D. M. Gordon, *Ants at Work: How an Insect Society is Organized*, The Free Press (1999).）

[9] W. D. Hamilton, The genetical evolution of social behavior I, *J. Theo. Bio.*, **7** (1964), 1–16.

[10] W. D. Hamilton, The genetical evolution of social behavior II, *J. Theo. Bio.*, **7** (1964), 17–52.

[11] Y. Hayakawa, Spatiotemporal dynamics of skeins of wild geese, *Europhysics Lett.*, **89** (2010), 48004.

[12] Y. Ishii and E. Hasegawa, The mechanism underlying the regulation of work-related behaviors in the monomorphic ant, *Myrmica kotokui*, *J. Ethology*, **31** (2013), 61–69.

[13] 桐谷祐一,「画像解析を用いたアリ個体の動きと相互作用の安定的研究」修士論文（広島大学，2011）.

[14] 永井敏隆「走化性モデルにおける集中現象」, 柳田英二編『爆発と凝集』（非線形・非平衡現象の数理 3), 第 3 章, 東京大学出版会（2001）.

[15] N. Shimoyama, K. Sugawara, T. Mizuguchi, Y. Hayakawa and M. Sano, Collective motion in a system of motile elements, *Phys. Rev. Lett.*, **76** (1996), 3870–3873.

[16] T. Tao, H. Nakagawa, M. Yamasaki and H. Nishimori, Flexible foraging of ants under unsteadily varying environment, *J. Phys. Soc. Jpn.*, **73** (2004), 2333–2334.

[17] T. Vicsek, A. Czirk, en-Jacob, I. Cohen, and O. Shochet, Novel type of phase transition in a system of self-driven particles, *Phys. Rev. Lett.*, **75** (1995), 1226–1229.

[18] T. Vicsek and A. Zafeiris, Collective motion, *Phys.Report*, **517** (2012), 71–140.

[19] D. Weihs, Hydromechanis of fish schooling, *Nature*, **241** (1973), 290–291.

[20] エドワード・O・ウイルソン，坂上昭一ほか訳『社会生物学』（合本版），新思索社（1982）.（原著：E. O. Wilson, *Sociobiology: The New Synthesis*, Harvard University Press (1972).）

[21] E. O. Wilson, The relation between caste ratios and division of labour in the ant Genus Pheidole (Pymenoptera: Formicidae), *Behav. Ecol. Sociobiol*, **16** (1984), 89–98.

第**3**章

社会の現象数理

渋滞学入門

友枝明保・西成活裕

3.1 渋滞学とは？

 2011年3月11日に発生した未曾有の大震災により，「グリッドロック」とよばれる渋滞現象が都心のいたるところで発生した．グリッドロックとは，交差点に車両が集中した際，異なる方向に向かう車両同士がお互いの進行を妨げてしまい，車両の身動きがとれなくなる車の渋滞現象である．このグリッドロックの影響で，都心では翌日まで渋滞が解消されず，帰宅するまでに十数時間もかかるという状態であった．
 "渋滞"と聞くと，大部分の人は上のような都心部での車の渋滞や大型連休のときの高速道路での渋滞を思い浮かべるであろうが，人も渋滞するし，インターネットがつながりにくくなることもパケットの渋滞として考えることができる．その他にも，人の体内ではモータータンパク質の渋滞が神経疾患を引き起こすし，倉庫に商品の渋滞が発生すればそれは在庫となって経営を圧迫するのである．このように，「渋滞」をモノの流れが滞る現象ととらえれば，車だけでなく，身の回りのさまざまなモノの流れで渋滞現象が観測される（図 3.1）．
 このような渋滞現象が観察されるさまざまな流れを数理モデルで記述し，最新の数理物理学の手法を用いた解析を通じて渋滞現象の解明から渋滞解消の

図 3.1 さまざまな渋滞現象の例．高速道路の車の流れ（上左），人の流れ（上中），パケットの流れ（上右），体内での微小管上を動くモータータンパク質の流れ（下左），商品の流れ（下右）．

実践までを理論的に扱っていく学問が「渋滞学 (Jamology)」である [12, 13]．

3.2 自己駆動粒子とセルオートマトンモデル

渋滞現象はモノの流れが滞る現象であるため，モノの「動き」に注目し，その動的な振る舞いを記号・数字を用いて抽象化して表すことで，渋滞現象を記述する数理モデルが構築される．

さまざまな渋滞現象を抽象化するために，流れているモノをすべて粒子とよぶことにしよう．渋滞を引き起こす粒子に共通する特徴は，粒子自身が意志や心理をもって振る舞うこと，あるいは決められたルールに従って振る舞いが決定されることである．こういった粒子（自己駆動粒子 (Self-Driven Particles, SDP) とよぶ）の運動では「作用・反作用の法則」や「慣性の法則」が成り立たず，ニュートン力学の枠組みでは扱えないため，質点の運動のように質点の質量 m，加速度 a，外力 F として $ma = F$ といった運動方程式で記述することが困難となる．

そこで，自己駆動粒子系のダイナミクスを数理モデルとして記述するために有効となる方法が，ルールによる記述である．ルールによる記述とは，コ

ンピュータに計算手順（アルゴリズム）を指示するためのプログラミングとして，

> if(A≤1/2) then A=2A, else A=2(1−A); A∈ [0, 1]

など[1])と記述するものである．ルールによる記述は，複雑な現象になればなるほど煩雑にはなるが，際限なく記述できるため，関数を導入することで単純化した微分方程式とは異なり，どんなに複雑な現象であっても数理モデルを構築することが可能なのである．

このルールを用いた数理モデル化手法の1つにセルオートマトン (Cellular Automaton, CA) を用いた記述方法がある．ここでは，ルール184CA[2])とよばれる粒子の輸送ダイナミクスを記述する基本的な1次元セルオートマトンモデルを紹介しよう [15]．まず粒子が移動する1次元空間を各セル（サイト）に区切り，各セルには粒子が最大1つだけ入るものとする．さらに，粒子が移動するルールとして，

　　　ルール：「前方のセルが空いていれば前に1つ進む」

を与えよう．

このルールに従って適当な初期値から粒子を動かしていくと，図3.2のように，粒子がゾロゾロと右側へ動いていく時間発展の様子が観察される．この動く粒子を車と思えば高速道路上を走行している車の流れにみえるし，粒子を人と思えば通路を通る人々の流れとなる．粒子の数が少ない低密度の場合，初めにランダムに並んでいた粒子はある程度時間が経つとお互いの間隔が空いて邪魔されずに動けるようになり，渋滞のない流れとなる（図3.2(a)）．一方，粒子の数が多い高密度の場合では，破線で囲まれた4粒子を渋滞列と考えると，進行方向に対して逆向きに伝播している様子がみられ，これは粒

---

[1]　この例はテント写像 (tent map: $x_{n+1} = 1 − |1 − 2x_n|$) とよばれるカオス性を示す写像を記述した例である．たとえば，初期値 $x_0 = 0.1$ としてこの写像の計算をくり返し行った計算機結果と手計算結果を比較するとどうなるであろうか？　興味のある読者は試みてもらいたい．

[2]　ルール184の184という数字はウルフラムによるエレメンタリーセルオートマトン (Elementary Cellular Automaton, ECA) の番号に由来する．

(a) 低密度の場合　　　　　　　(b) 高密度の場合

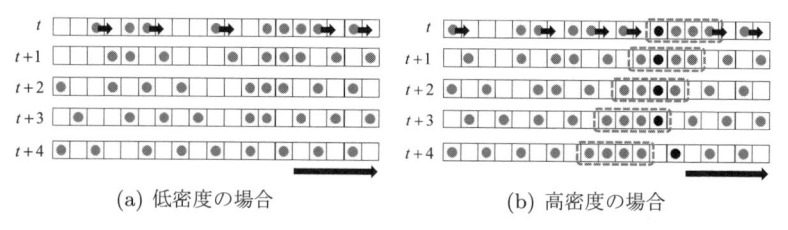

図 3.2　(a) 低密度と (b) 高密度のルール 184CA の時間発展の様子．ただし，境界条件は周期境界条件を課し，右端から出ていく粒子は左端から入るものとする．右下の矢印は粒子の進行方向を表す．

子の集団が渋滞となって，伝播していく状況を表している（図 3.2(b)）．実際の高速道路の車の渋滞列も進行方向逆向きに時速 20 km/h 程度で移動することが観測されている．また，渋滞列の内部をみると，時刻 t で渋滞列に入った黒い粒子は渋滞列内部では停止し，渋滞列の先頭になった後（時刻 $t+3$）に進む様子がみられ，実際の交通渋滞に入った車両の振る舞い (stop-and-go) と解釈できる．

さらに，ルール 184CA には，きわめて重要な特徴がある．それは，粒子同士のぶつかりあいが生じることである．図 3.2(a) の一番左の粒子の時間発展を追いかけてみよう．時刻 t では前方が空いていて順調に前進することができるが，時刻 $t+1$ において，前方の粒子に追いつき動くことができない状況が生じる．これはいわゆる排除体積効果 (excluded volume effect) とよばれるもので，前方に粒子が存在する場合には，その粒子がその空間を占めていて移動できない効果を表している．実際，車や人は「大きさ」をもっているため，「グリッドロック」のように，混んでくるとお互いが邪魔になって動けなくなるという性質がある．ルール 184CA のように，「前方が空いていなければ止まる」というルールを設定することで，自然と数理モデルに排除体積効果が導入され，渋滞現象を引き起こす粒子のダイナミクスを記述するにふさわしい数理モデルが構築できるのである．

さて，ルール 184CA のルールは数式として表現はできないのだろうか？実は各セルの状態を U_i^t とし，粒子が存在する ($U_i^t = 1$) か粒子が存在しない ($U_i^t = 0$) かのいずれかで表現することで，ルール 184CA は次のような代数方程式として記述することができる．

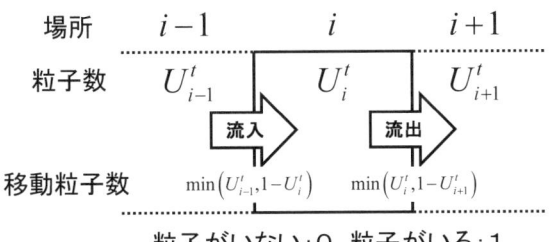

図 3.3　ルール 184CA(3.1) の各項の物理的意味．場所 i の次の時刻 $t+1$ での粒子数 (U_i^{t+1}) は，現在の粒子数 (U_i^t) に流入量 $\min\left(U_{i-1}^t, 1-U_i^t\right)$ を加え，流出量 $\min\left(U_i^t, 1-U_{i+1}^t\right)$ を引いたものに等しい．

$$U_i^{t+1} = U_i^t + \min\left(U_{i-1}^t, 1 - U_i^t\right) - \min\left(U_i^t, 1 - U_{i+1}^t\right). \tag{3.1}$$

$\min(\cdot)$ は引数の中でもっとも小さいものを返す演算子であり，$A<B$ の場合，$\min(A,B) = A$ となる．(3.1) で表現される数理モデルの物理的な解釈は次のように与えられる（図 3.3）．時間発展における場所 i の状態変化に着目し，場所 i に粒子がいる場合 ($U_i^t=1$) は，前方のスペースが空いている ($U_{i+1}^t=0$) ならば移動し場所 i から流出する（(3.1) 右辺第 3 項）．一方，場所 i に粒子がいない場合 ($U_i^t=0$) は，後方に粒子がいる ($U_{i-1}^t=1$) ならば移動し場所 i に流入する（(3.1) 右辺第 2 項）．つまり，上で述べた粒子の移動するルールを代数方程式として記述したものが (3.1) なのである．この代数方程式を計算することで，初期状態の粒子数が時間発展において不変（粒子セルオートマトン）であることや粒子密度の不連続性を示す解（衝撃波解）をもつことも数学的に厳密に示すことができる [4, 15]．

とくに，このルール 184CA(3.1) は，流体力学の中でももっとも単純な非線形方程式である 1 次元粘性つきバーガース方程式

$$\frac{\partial u}{\partial t} = 2u\frac{\partial u}{\partial x} + \frac{\partial^2 u}{\partial x^2} \tag{3.2}$$

の超離散化によって得られるバーガースセルオートマトン (Burgers Cellular

Automaton, BCA) の特別な場合に対応することが示されており[3]，セルオートマトンの世界と微分方程式の世界の対応付けもなされている．

以上のように，ルール 184CA は「前方が空いていれば進み，空いていなければ止まる」という車のごく自然で，かつ単純な物理運動だけを記述した数理モデルとなっている．それにもかかわらず，渋滞現象にみられる基本的かつ特徴的な振る舞いがみごとに再現される数理モデルとなっており，しかも代数方程式として記述できるため，定性的な議論にとどまらず，偏微分方程式と呼応した定量的な解析が可能なのである．

さらに，セルオートマトンを用いた数理モデル化はルールによる記述方法という利点に加えて，コンピュータシミュレーションの側面からも大きな利点がある．セルオートマトンは，(3.1) からもわかるように，数理モデルで用いられている独立変数（空間 i や時間 t）と従属変数（車の台数 U_i^t）がすべて整数値で定義（デジタル化）されており，数値誤差を考える必要がないため，コンピュータを用いた数値シミュレーションときわめて相性がよい．コンピュータを用いた大規模な計算が可能となった今日，セルオートマトンを用いた数理モデル化も渋滞現象を解明する強力な武器となりうることがわかっていただけたと思う．

3.3 決定論モデルと確率論モデル

我々の身の回りの現象は大きく 2 つに分類することができる．決定論的現象と確率論的現象である．前者は質点の運動のように任意の時刻における質点の位置が完全に決定される現象のことを指し，その数理モデルは時間発展が直前の状態によって完全に決定される決定論モデルとよばれる．一方，後者はさいころを投げたときに出る目といった偶発的な現象のことを指し，そ

[3) BCA は U_i^t が 0 から L までの整数値で成り立つ次の代数方程式

$$U_i^{t+1} = U_i^t + \min\left(U_{i-1}^t, L - U_i^t\right) - \min\left(U_i^t, L - U_{i+1}^t\right)$$

を指し，$L = 1$ として $U_i^t \in \{0, 1\}$ に限定したものがルール 184CA(3.1) である．

の数理モデルは時間発展において確率的な要素が組み込まれた確率モデルとよばれる．決定論モデルと異なり，確率論モデルでは各時刻における状態を完全に決定することができないため，現象にみられる統計データとしての普遍性に着目することが重要となる．

本章で対象とする渋滞現象は，多数の要素（車や人）が複雑に絡み合った結果として観測される現象である．そのため，実験や観測によって得られた現実データは確率的な変動を伴うことが常であり，ダイナミクスを記述する数理モデルは確率論モデルとして構築することが自然であろう．

そこで，次節以降では，決定論モデルであるルール184CAを拡張し，確率的な振る舞いを組み込んだ確率セルオートマトン (stochastic cellular automaton)，中でも確率過程の理論から数学的に非常によい性質を示すことができ，渋滞現象を記述する数理モデルの基盤となっているTASEP (Totally Asymmetric Simple Exclusion Process, 完全非対称単純排他過程) について解説し，確率セルオートマトンを用いた実際の渋滞現象の数理モデリングとシミュレーション・解析結果についても紹介する．また，本章では，離散時間の確率セルオートマトンだけを扱うことをここでおことわりしておく．

3.4 確率セルオートマトン

3.4.1 TASEP

図3.4はTASEPとよばれる1次元確率セルオートマトンモデルの粒子の動きを表した図である．ルール184CAと同様，粒子が移動する1次元空間

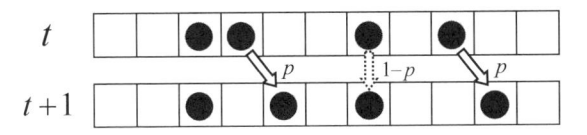

図 **3.4** TASEPのダイナミクス．前のセルが空いている場合は確率pで1つ前方へ進み，確率$1-p$でその場にとどまる．ルール184CAと同様，前のセルが空いていない場合は，次の時刻で動くことができない（排除体積効果）．

を各セルに区切り,各セルには最大1つの粒子が入ることができるものとする.TASEPでは粒子が

ルール:「前方のセルが空いていれば確率 p で前に1つ進む」

に従って動くものとする.このTASEPのルールとルール184CAのルールを比べると,TASEPは前進確率 p を導入したルール184CAの拡張になっており,$p=1$ でルール184CAに帰着することがわかる.

さて,渋滞現象を記述する数理モデルを構築し,その解析においてまず最初に知りたいことは,流れがどのような状態になっているかということである.図3.2でも示したように,(a) の低密度では渋滞がなく,(b) の高密度では渋滞がある状態であった.でははたして流れが渋滞し始めるのは,全セルに対してどれくらいの粒子数が存在するときなのであろうか?

ここで基本図 (fundamental diagram) とよばれる渋滞学に欠かせない図を紹介する.この基本図は横軸に粒子密度 (ρ),縦軸に流れた粒子の量を表す交通流量 (Q) をとったもので,各確率 p に対するTASEPの基本図は図3.5のようになる[4].実際の高速道路における基本図も参考のために載せておく

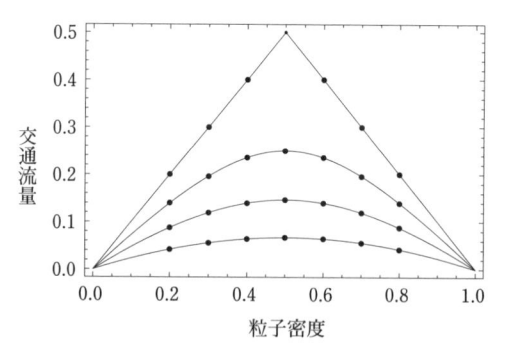

図 **3.5** TASEPの基本図.上から順番に $p=1.0, p=0.75, p=0.5, p=0.25$ の場合.黒丸はシミュレーション結果 (50回のくり返しサンプル平均,各サンプルは,100セル,500ステップ中,後半250ステップの時間平均をとったもの) のデータプロットであり,実線は理論から導かれた関数グラフである.$p=1.0$ のときの基本図はルール184CAに一致する.

---

4) セルオートマトンモデルの場合,粒子密度 $\rho=$(粒子の総数)/(セルの総数),交通流量 $Q=\rho\times$(時間1ステップで動いた粒子数)/(粒子の総数) で与えられる.

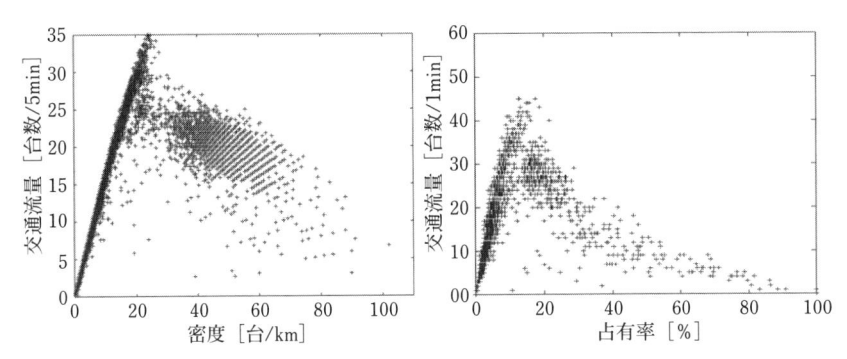

図 3.6 実際の高速道路での基本図．（左）中央自動車道の基本図（各プロットは 5 分の平均データで 3 日分の全プロット．（右）首都高速道路の基本図（各プロットは 1 分の平均データで 1 日分の全プロット）．占有率は交通流中の各車両が道路上を時間的（あるいは空間的）に占有している割合を表現する状態量であり，車両感知器を利用して容易に計測できるため，密度に代わって特に時間占有率が用いられることもある．

（図3.6）．密度が低い場合，粒子はスムーズに移動することができるため，密度が増えるにつれて流量も増加する．この流れの状態は自由相とよばれる．一方，密度がある値 ρ_c（臨界密度）を超えて高くなると，スムーズに移動することができなくなり，密度が増えるにつれて流量は減少する．これが渋滞相である．図 3.5，図 3.6 のように基本図を描くことで，流れの様子が密度によってどのように変化するかを知ることができると同時に，渋滞学で取り扱うさまざまな流れ現象にみられる渋滞状態を「臨界密度以上で密度が増加するにつれて流量が減少する領域」と数理科学的に定義できるのである．TASEP の場合，臨界密度は $\rho_c = 0.5$ であり，実測基本図では，臨界密度 ρ_c は 20–25 台/km 程度（占有率の場合は 15%程度）であることが知られている．

　TASEP が渋滞現象を記述する基盤モデルとして認識されている 1 つの理由は，確率過程の理論にもとづいて，定常状態における粒子分布を厳密に解くことができるという点にある．定常状態における粒子分布を求めることができるため，その分布から流量が計算され，厳密な基本図を描くことができるのである（図 3.5 の実線）．

　では，実際に TASEP の定常状態における流量と密度の関係式を理論的に求めてみよう．TASEP の粒子分布はペア近似（連続する 2 つのセルをまと

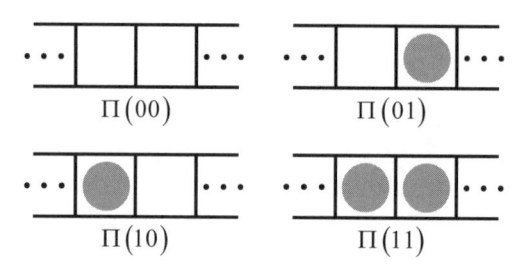

図 3.7 連続する 2 つのセルでの粒子がとりうるすべての状態とその確率表記.

めて扱う：2 クラスター近似）という方法で導出できる[5]．

まず準備として，連続する 2 つのセルでの粒子の状態に対して，その状態確率それぞれを図 3.7 に示すように $\Pi(00), \Pi(01), \Pi(10), \Pi(11)$ と書くことにしよう．この確率分布を求めることが TASEP の定常状態での粒子分布を求めることに対応する．2 クラスター近似では粒子のとりうる状態が図 3.7 に示す 4 パターンであるため，それぞれの値を決定するためには 4 本の方程式が必要となる．

まず第 1 に，

$$\Pi(10) = \Pi(01) \tag{3.3}$$

とする．これは空間一様性とよばれ，ある連続した 2 セルをランダムにとりだしたとき，(01) という配置が出現する確率と (10) という配置が出現する確率が等確率であることを意味している．次に，

$$\Pi(00) + \Pi(01) = 1 - \rho \tag{3.4}$$

である．これは，連続した 2 つのセルをランダムにとりだしたときに，(00) という配置もしくは (01) という配置となっている確率のことで，ある 1 つのセルをとりだしたときにそのセルの状態が 0 となる確率に等しく，粒子が存在しない確率から $1-\rho$ となる[6]．3 本目の式は，規格化条件より

---

[5] 全セル数 L での L クラスター近似が理論的には厳密解と一致するが，TASEP の場合，2 クラスター近似で厳密解となる．これは，TASEP には遠いセルとの相関がなく 2 クラスター近似で十分であることを意味している．

[6] 密度 ρ は全粒子数 N，全セル数 L としたとき $\rho = N/L$ で定義されるので，ある 1 つのセルをとりだしたときに粒子が存在する確率は ρ となる．

$$\Pi(00) + \Pi(01) + \Pi(10) + \Pi(11) = 1 \tag{3.5}$$

である．最後の 1 つは TASEP のダイナミクスから決定されるものであり，分布の定常性より

$$\Pi(10) = \underbrace{(1-p)\Pi(10)}_{(a)} + \underbrace{p\frac{\Pi(10)}{\Pi(10)+\Pi(00)}\Pi(00)}_{(b)}$$

$$+ \underbrace{p\frac{\Pi(10)}{\Pi(10)+\Pi(11)}\Pi(11)}_{(c)} + \underbrace{p^2\frac{\Pi(10)}{\Pi(10)+\Pi(00)}\frac{\Pi(10)}{\Pi(10)+\Pi(11)}\Pi(01)}_{(d)}$$

$$\tag{3.6}$$

が成り立つ．

図 3.8 のように，状態遷移図をつくって (3.6) 右辺のそれぞれの項の意味を考えてみよう．(a) については，(10) → (10) という遷移を表している．つまり，(10) と粒子が左側に存在している状態から再び同じ状態を実現する確率を計算すればよい．これは，左側に存在している粒子が確率 $1-p$ でその場にとどまればよいことから，第 1 項の計算式が得られる．次に (b) について考えよう．(b) は (00) → (10) という遷移である．これは，2 セル両方に粒子が存在していない状態，かつ，粒子が入ってきうる状態に対して，粒子が入ってくればよい．第 2 項の分数部分は右が 0 という状態の下で，$\Pi(10)$ が実現する確率であり，これが粒子が入ってきうる状態に対して粒子が入ってくる確率である．(c) は (11) → (10) であり，2 セルの両方に粒子が存在し

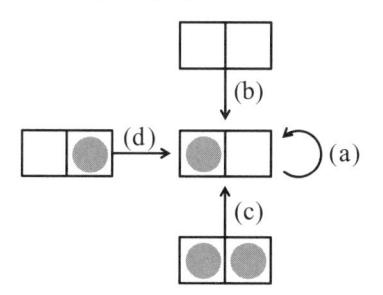

図 **3.8** 連続する 2 つのセルでの粒子に対する状態遷移図．

ていて，かつ粒子が出ていける状態で，粒子が出ていけばよい．これも (b) と同様，分数部分は左が 1 の状態で，$\Pi(10)$ が実現する確率である．(d) については，$(01) \to (10)$ であるため，2 セルの右に粒子が入っている状態で，その粒子が出ていくことができる状態，かつ，左から新たに粒子が入ってくることのできる状態，さらに，実際にそれらの 2 つの粒子が移動すればよい．このことから，第 4 項が得られる．

(3.3)–(3.6) 式より密度 ρ を用いて状態確率を書きかえていくと最終的に

$$p\Pi(10)^2 - \Pi(10) + \rho(1-\rho) = 0 \tag{3.7}$$

$$\therefore \ \Pi(10) = \frac{1 \pm \sqrt{1 - 4p\rho(1-\rho)}}{2p} \tag{3.8}$$

が導かれる．$\Pi(10)$ は確率なので，$0 \leq \Pi(10) \leq 1$ よりマイナス符号を採用し，流量 $Q = p\Pi(10)$ であることから

$$Q = \frac{1 - \sqrt{1 - 4p\rho(1-\rho)}}{2} \tag{3.9}$$

が得られる．この関係式をプロットしたものが図 3.5 の実線であり，シミュレーション結果と一致していることがわかる．さらに，(3.9) の ρ に関する極値を計算することで臨界密度が 1/2 であることも容易に示される．

さらに，ここで $p = 1$ とすると，これは最初に紹介したルール 184CA となる．実際，

$$Q = \frac{1}{2}\left(1 - \sqrt{1 - 4\rho(1-\rho)}\right) \tag{3.10}$$

$$= \frac{1}{2}\left(1 - |1 - 2\rho|\right) \tag{3.11}$$

$$= \begin{cases} \rho, & 0 \leq \rho \leq \frac{1}{2} \\ 1 - \rho, & \frac{1}{2} \leq \rho \leq 1 \end{cases} \tag{3.12}$$

であり，ルール 184CA の場合も臨界密度は 1/2 であることが示される．(3.12) で描かれる基本図は図 3.5 の $p = 1$ に対応する．

以上のことから，TASEP の流量は $p=1$ のルール 184CA の場合も含めて，厳密に密度の関数として記述することができ，臨界密度が $\rho=1/2$ にあることを示すことができた．

ここでは，ペア近似を用いて，TASEP の定常状態における粒子分布を求めたが，一般的な導出方法も提案されており，その方法は，行列積の方法 (Matrix Product Ansatz, MPA) とよばれる．この手法の詳細は，[3] などを参照してもらいたい．

また，本章で扱った TASEP はパラレルアップデートとよばれるすべての粒子に対して同時に時間更新を行うモデルであったが，時間更新方法には，このパラレルアップデートの他にも，ある 1 つの粒子をランダムにとりだし，その粒子に対してのみ時間更新を行うランダムアップデートや，粒子の順番をあらかじめ決めておいて，その順番にもとづいて時間更新を行う順序アップデートなどがある．時間更新の方法によって解の表示も異なり，本章で導出した関係式 (3.9) はあくまでもパラレルアップデートの TASEP の場合であることをここで注意しておく．

3.4.2 TASEP の定常状態の存在

前項では，ペア近似を用いて定常状態における流量を密度の関数として導出した．しかし，TASEP の定常状態ははたして前節で求めたものだけなのであろうか？ そもそも定常状態での分布が存在することはなぜわかるのであろうか？ 本項では，TASEP の定常状態の存在と一意性を保証する確率過程における重要な定理について紹介する．

TASEP のように，未来の挙動が現在の状態のみで決まる特性はマルコフ性とよばれ，マルコフ性をもつ確率過程のことをマルコフ過程 (Marlov process) とよぶ．とくに，とりうる状態数が有限（有限個と可算無限個）のときはマルコフ連鎖 (Marlov chain) となり，遷移確率行列 P を用いて，次のように記述できる．

$$\Pi_{t+1} = P\Pi_t \tag{3.13}$$

Π_t は時刻 t における状態ベクトルであり，時刻 $t+1$ における状態は，時刻

t における状態に遷移確率行列 P を乗じることで得られることを記述したマスター方程式である．ここで $\mathbf{\Pi}_t$ は，とりうる状態数を m としたときの時刻 t における各状態 $S_{i\in m}$ を実現する確率 $\Pi_t(S_i)$ を用いて，

$$\mathbf{\Pi}_t = \begin{pmatrix} \Pi_t(S_1) \\ \Pi_t(S_2) \\ \vdots \\ \Pi_t(S_m) \end{pmatrix}, \quad \text{ただし} \sum_i \Pi_t(S_i) = 1 \tag{3.14}$$

と表すことができる．遷移確率行列 P は，状態 $S_i \to S_j$ の遷移確率を $p(j,i) \geq 0$ としたときに，各状態遷移に対する遷移確率を表現した行列であり，下のような形で表すことができる．

$$P = \begin{pmatrix} p(0,0) & \cdots & p(0,i) & \cdots & p(0,m) \\ \vdots & & \vdots & & \vdots \\ p(j,0) & \cdots & p(j,i) & \cdots & p(j,m) \\ \vdots & & \vdots & & \vdots \\ p(m,0) & \cdots & p(m,i) & \cdots & p(m,m) \end{pmatrix} \tag{3.15}$$

遷移確率行列 P の特徴として次のようなものがある．

$$\sum_j p(j,i) = 1 \tag{3.16}$$

これは，「ある状態 i から遷移する場合，必ずどれかの状態に移るため，すべての j について，その遷移確率の総和（(3.15) の行列要素の灰色部）をとると 1 となる」ことを意味する遷移確率行列特有の性質である．ただし，逆は必ずしも成立しない（図 3.9）．

定常状態では時間が経過しても分布が変化しないことから，定常分布を $\mathbf{\Pi}$ とすると

$$\mathbf{\Pi} = P\mathbf{\Pi} \tag{3.17}$$

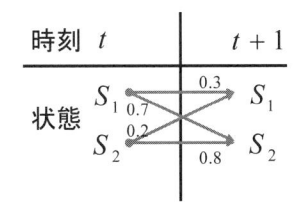

図 **3.9** 必ずしも S_i から S_j に遷移する S_i に関する確率の総和が 1 とはならない例. $p(*,1)+p(*,2)=1$ は必ず満たされるが, 必ずしも $p(1,*)+p(2,*)=1$ とは限らない.

が成り立ち, これを満たす Π が一意に存在するかどうかを示せばよい. さらに, この方程式の固有値は 1 であることから, P の固有値に対する固有ベクトルを求めれば, それが定常分布となることがわかる. このような Π が存在することは, ペロン–フロベニウスの定理によって保証される. 一般に, ペロン–フロベニウスの定理は

正方行列 A が非負, かつ既約であれば,
「絶対値最大の固有値は, 正でかつ実数」

というものである. ここでいう既約 (irreducible) とは, すべての状態をお互いに移りあえる状態を指す. 具体的には, たとえば遷移確率行列がそれぞれ,

$$P_1 = \begin{pmatrix} 0.1 & 0.7 & 0 \\ 0 & 0.3 & 0.4 \\ 0.9 & 0 & 0.6 \end{pmatrix}, \quad P_2 = \begin{pmatrix} 0.7 & 0 & 0 \\ 0.1 & 0.4 & 0.8 \\ 0.2 & 0.6 & 0.2 \end{pmatrix}$$

のようになっている場合, P_1 は既約であるが, P_2 は既約ではない. 図 3.10 や図 3.11 のように状態遷移図を描くと明らかである. P_1 はすべての状態を行き来可能であるが, P_2 は状態 S_2 や状態 S_3 から状態 S_1 への遷移はできない. 既約でない遷移過程における状態 S_1 をメタ安定状態 (metastable state) とよび, このような遷移過程にはヒステリシス (hysteresis) が存在するという[7].

---

[7] 交通流現象には, 車間距離が比較的短いにもかかわらず, ドライバーが頑張って高速走行を維持している高流量状態が存在するが, この状態はメタ安定状態であり, ある程度の時間が過ぎると維持できなくなる. 一度高流量状態が崩れると, 交通流は渋滞状態へと遷移し, 高流量状態には戻れないのである. このメタ安定状態は, 交通流現象にヒステリシスが存在していることを意味しており, 数理モデルに要請される特徴の 1 つである.

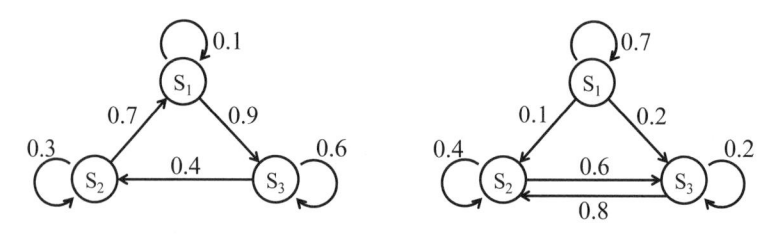

図 3.10　既約な遷移行列の状態遷移図．　図 3.11　既約でない遷移行列の状態遷移図．

ペロン–フロベニウスの定理を確率遷移行列 P に適用すると，「ダイナミクスを記述する遷移確率行列 P が既約であれば，絶対値最大の固有値は必ず 1 であり，しかも単純固有値となる」ことが示せるため，$\mathbf{\Pi} = P\mathbf{\Pi}$ を満たす定常分布 $\mathbf{\Pi}$ が存在して，ただ 1 つであることが保証されるのである．TASEP のダイナミクスを記述する遷移確率行列は既約となるため，定常分布の存在と一意性が示されるのである．TASEP において定常状態が一意に存在するということは，最終状態が初期状態によらないということを意味しており，数値シミュレーションをする場合，どのような初期値を設定しても結果として得られる定常状態は普遍的なものとなることが保証されるのである．

実践的な場面における基準としては，可逆分布かどうかをチェックすることで定常分布の存在の有無を確認することができる．$\mathbf{\Pi}$ が可逆分布 (reversible distribution) であるとは，すべての状態 S_i, S_j に対して，

$$p(j,i)\Pi(S_i) = p(i,j)\Pi(S_j) \tag{3.18}$$

を満たすことをいう．この関係式は詳細つり合いの式 (detailed balance equation) ともよばれる．つまり，2 つの状態間を遷移するそれぞれの頻度がつり合っている状態である（図 3.12）．

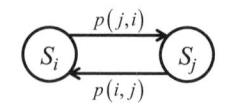

図 3.12　詳細つり合いの図．

定常状態とは，$\mathbf{\Pi} = P\mathbf{\Pi}$ であり，

$$\Pi(S_j) = \sum_{i=0}^{m} p(j,i)\Pi(S_i) \tag{3.19}$$

を満たしている．このことから，可逆分布であれば，それは定常分布となることが次のように示される．

$$\sum_{i=0}^{m} p(j,i)\Pi(S_i) = \sum_{i=0}^{m} p(i,j)\Pi(S_j) \quad \left(\because 可逆分布の定義\ (3.18)\right) \tag{3.20}$$

$$= \Pi(S_j)\sum_{i=0}^{m} p(i,j) \tag{3.21}$$

$$= \Pi(S_j) \quad \left(\because \sum_{i=0}^{m} p(i,j) = 1\right) \tag{3.22}$$

一方，定常分布ならば可逆分布というのは成り立たない．可逆分布は，$S_i \to S_j, S_j \to S_i$ をお互い 1 回で移るときをいうが，定常分布は，多段階で遷移するときもあるので，定常分布ならば可逆分布というのは必ずしも成り立たないのである．

このことから，定常状態が存在するかどうかは，十分条件として数理モデルを記述する遷移行列が可逆性を示すかどうかで判定することができる．

3.4.3 ZRP

次に，TASEP の拡張として考えることのできる，ZRP（Zero Range Process，ゼロレンジ過程）について簡単に紹介しておく．ZRP はある適切な変換を施すと，TASEP と同様に排除体積効果をもつ確率セルオートマトンと考えることができ，そのルールは

ルール：「前方のセルが空いていれば空きセルの数に依存する確率 $p(h)$ で前に 1 つ進む」

というものである．この ZRP は空きセルの数に応じて前進する確率が変化するルールを TASEP に組み込んだモデルとなっている．車の場合，車間距離が長い場合と短い場合で走行速度が異なるため，TASEP よりも ZRP による

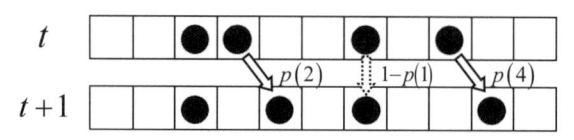

図 **3.13** ZRP のダイナミクス．前のセルが空いている場合は空きセルの数に依存する確率 $p(h)$ で 1 つ前方へ進み，確率 $1-p(h)$ でその場にとどまる．一番右の粒子の前方の空きセル数 4 は周期境界条件のもとで考えている．

数理モデル化の方が適していると考えることもできる．たとえば，車間距離が長いほどスピードが速いと考えられるため，確率 $p(h)$ を $0 \leq p(1) < p(2) < p(3) < \cdots \leq 1$ などと設定することで，TASEP より現実的な数理モデルとなりうる（図 3.13）．

ここでは，前進確率が

$$p(1) = p, \quad p(h \geq 2) = q \tag{3.23}$$

となっている ZRP を考える（排除体積より $p(0) = 0$ である）．$p = q$ の場合，この ZRP は前進確率 p の TASEP に帰着され，さらに，$p = q = 1$ とすると，この ZRP は最初に紹介したルール 184CA に帰着する．

ZRP の基本図の解析表示は，密度 $\rho(w) = 1/(1+h)$，流量 $Q(\rho) = w\rho(w)$ と速度パラメータ $0 \leq w \leq 1$ による表示を用いて，

$$F(w) = \Big(1 - p(1)\Big)(1+w) \sum_{n=0}^{\infty} \Big(w^n \prod_{j=1}^{n} \frac{1-p(j)}{p(j)}\Big), \tag{3.24}$$

$$h(w) = w \frac{\partial}{\partial w} \Big(\log F(w)\Big) \tag{3.25}$$

のように与えられ，図 3.14 のようになることが示されている [7][8]．

---

[8] 本項で紹介した ZRP 基本図の解析表示については東京大学金井政宏氏に多くの御助言をいただいた．

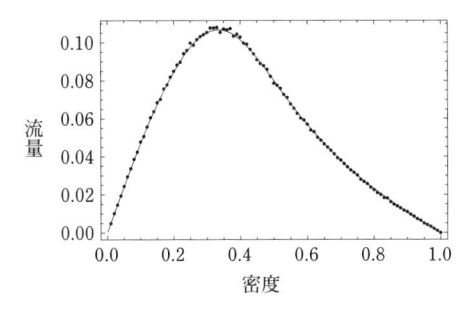

図 **3.14** ZRP の基本図. 100 セルで前進確率 $p(h)$ が $p(1) = 0.1, p(h \geq 2) = 0.5$ とした場合のシミュレーション結果がデータ点であり，実線は理論計算結果である.

3.5 確率セルオートマトンを用いた渋滞現象の数理モデリング

3.5.1 交通流モデル（SOV モデル）

車の流れを記述する数理モデルはセルオートマトンにかぎらずこれまでさまざまなものが提案されているが，その中でもとくに現実の交通流のもつ不安定性を説明することに成功しているものとして，最適速度 (Optimal Velocity, OV) モデル [1] があげられる．OV モデルにおいては，各車は運動方程式

$$\frac{d^2}{dt^2}x_i(t) = a\left[V(\Delta x_i(t)) - \frac{d}{dt}x_i(t)\right], \qquad \Delta x_i(t) = x_{i+1}(t) - x_i(t) \tag{3.26}$$

に従う．ここで，$x_i(t)$ は時刻 t での i 番目の車の位置，V は車間距離 $\Delta x_i(t)$ の関数で最適速度 (OV) 関数とよばれる．これは決定論モデルであるが，このモデルを離散化して確率セルオートマトンによる新しい交通流モデルを考えたい．

まず，道路を 1 次元の周期格子とみなし，サイト数を L とする．各サイトには最大で 1 台の車が入るものとする．各車は，衝突と追越が禁止されていて，そして各ステップごとにいっせいに動く．時刻 t における各車 $i = 1, 2, \ldots, N$ の位置を x_i^t とする．ここで，i 番目の車の前方を $i+1$ 番目の車が走っているものとする．$w_i^t(m)$ を，各車 $i = 1, 2, \ldots, N$ が時刻 t に $m = 0, 1, 2, \ldots, M$ サイト進む確率として，これをインテンション (intention) とよぶことにす

る．このとき規格化条件により

$$\sum_{m=0}^{M} w_i^t(m) = 1 \tag{3.27}$$

である．$w_i^t \equiv \{w_i^t(m)\}_{m=0}^{M}$, $x^t \equiv \{x_i^t\}_{i=1}^{N}$ と書くことにして，インテンションの時間発展を次の形に定める．

$$w_i^{t+1}(m) = f(w_i^t; x^t; m). \tag{3.28}$$

ただし，f は，$w_i^t(0), w_i^t(1), w_i^t(2), \ldots, w_i^t(M)$ および $x_1^t, x_2^t, x_3^t, \ldots, x_N^t$, m の関数であって，系を特徴付けるものである．そして，各車は以下の手順に従って時間発展する．

1. 時刻 t における，車の配置 x^t とインテンション w_i^t から (3.28) に従って次の時刻におけるインテンション w_i^{t+1} を計算する．
2. 進むサイト数 V_i^{t+1} を確率分布 w_i^{t+1} に従って与える．すなわち，各時刻 t について，$\mathsf{V}_i^t = m \in \{0, 1, 2, \ldots, M\}$ となる確率が $w_i^t(m)$ である．
3. 各車は前の車に衝突しないように進む．式で書けば以下のようになる．

$$x_i^{t+1} = x_i^t + \min(\Delta x_i^t, \mathsf{V}_i^{t+1}). \tag{3.29}$$

ただし，

$$\Delta x_i^t := x_{i+1}^t - x_i^t - 1 \tag{3.30}$$

であり，これは各車の車間距離を表している．

上述のモデルでとくに最大速度を $M = 1$ とする．そして，

$$v_i^t := w_i^t(1) \tag{3.31}$$

とすれば，(3.27) から $w_i^t(0) = 1 - v_i^t$ である．我々は v_i^t の時間発展として以下の式を考える：

$$v_i^{t+1} = (1-a)v_i^t + aV(\Delta x_i^t). \tag{3.32}$$

ここで，V は車間距離 Δx_i^t の関数であり，a は $0 \leq a \leq 1$ を満たす実数のパラメータである．これに対応する (3.28) は

$$\begin{cases} w_i^{t+1}(1) = (1-a)w_i^t(1) + aV(\Delta x_i^t), \\ w_i^{t+1}(0) = 1 - w_i^{t+1}(1) \end{cases} \tag{3.33}$$

である．式 (3.32) は，第 1 項が現在（時刻 t）のインテンションであり，第 2 項は現在の状況（車間距離 Δx_i^t）を次のインテンションに取り入れる役割をはたしている．

一方，車の場所 x_i^t の時間発展は，

$$x_i^{t+1} = \begin{cases} x_i^t + 1, & \text{確率 } v_i^{t+1} \\ x_i^t, & \text{確率 } 1 - v_i^{t+1} \end{cases} \tag{3.34}$$

である．そして，直前のサイトを車が占有していない場合に期待値の意味で

$$\langle x_i^{t+1} \rangle = \langle x_i^t \rangle + v_i^{t+1} \tag{3.35}$$

である．ただし $\langle A \rangle$ は A の期待値を表し，式 (3.35) は $w_i^t(1) = v_i^t$ が最大速度 $M = 1$ の場合に車の速度に対応していることを示している．

以降，この $M = 1$ の場合に限ってモデルの性質を明らかにしていく．この場合，上述のように，我々が導入したインテンションという概念は車の速度に置き換えられるが，さらに既存のモデルとの対応がみられる．OV モデル (3.26) を離散化することによって得られる離散 OV モデル [16]

$$x_i^{t+1} = x_i^t + v_i^{t+1}\Delta t, \tag{3.36}$$
$$v_i^{t+1} = (1 - a\Delta t)v_i^t + (a\Delta t)V(\Delta x_i^t) \tag{3.37}$$

と (3.32) および (3.35) を比較すると，形式的な類似がみられる．よって，我々は (3.32) により与えられる新しい確率モデルを確率最適速度 (Stochastic Optimal Velocity, SOV) モデル [8] とよび，これに合わせて関数 V を最適速度 (OV) 関数とよぶことにする．

式 (3.35) と (3.36) の関係は，(3.35) が成立する条件（すなわち直前のサイトに車がいない）が満たされている間は (3.35) は (3.36) の確率拡張になっている．しかし，そうでない場合は強制的に前進が禁止され同じサイトに留まることになり，(3.36) と相容れない．これは，OV モデルが衝突を回避する仕組みを備えていないことによる．

SOV モデル (3.32) は 1 つの内部パラメータ a をもっているが，$a = 0$ および $a = 1$ の場合には前節で述べた TASEP や ZRP に帰着される．まず，$a = 0$ の場合，(3.32) から

$$v_i^{t+1} = v_i^t = \cdots = v_i^0 \tag{3.38}$$

であるから，すべての i に対して $v_i^0 = p\ (0 < p < 1)$ とすれば，SOV モデルは確率 p をもつ TASEP に帰着される．とくに $p = 1$ の場合はルール 184CA である．次に $a = 1$ の場合，(3.32) は

$$v_i^{t+1} = V(\Delta x_i^t) \tag{3.39}$$

となり，次のインテンションは現在の車間距離 Δx_i^t のみから決まる．この場合，i 番目の箱に Δx_i^t 個の玉が入った箱と玉の系と考えれば，これは前出のZRP と同等である．

OV 関数を

$$V(x) = \frac{\tanh(x-c) + \tanh c}{1 + \tanh c}, \qquad c = \frac{3}{2} \tag{3.40}$$

として SOV モデルの基本図を考察する．とくに a が小さいときが車のモデルとして重要な意味をもつので，$a \sim 0$ の場合をくわしくみていこう．SOV モデルは $a = 0$ で TASEP に帰着されるにもかかわらず，$a \sim 0$ では SOV モデルの基本図と TASEP のそれとはまったく異なった形になることがわかる．それを図 3.15 に示した．図 3.15 に時刻 $t = 1000(×)$ および $t = 5000(●)$ での基本図を示してある．基本図に不連続点が出現していることがわかる．これは現実のデータに近いものであり，また確率モデルでこのように同一の密度に対して複数の異なる安定状態が存在する現象はあまりこれまで報告例が

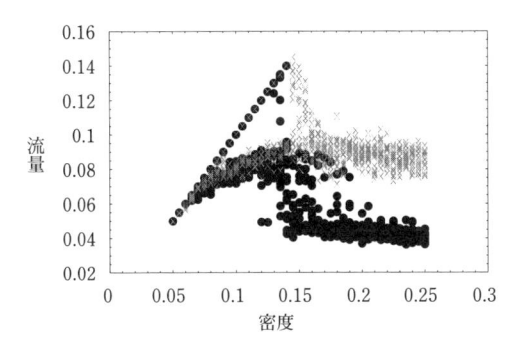

図 **3.15** 臨界密度付近を拡大した SOV モデルにおける基本図（$a = 0.01$, 時刻 $t = 1000$（×）, $t = 5000$（●））. 初期条件は一様流とランダム配置で, 前進確率は 1 である. 3つの分岐がはっきりと表れている様子がわかる.

ない. これはある程度の時間安定なメタ安定状態が存在することを意味している.

この SOV モデルは，個々の車の動作をパラメータによって決定しているため, より詳細な渋滞現象の解析に向けたパラメータを推定する研究 [9] や, メタ安定状態が存在するよいモデルであることから織り込み部の交通を記述する数理モデルへと拡張することで渋滞解消に向けた実践的な研究 [11] も行われている.

3.5.2 アリのモデル

アリの集団行動（図 3.16）を交通流としてとらえ，その流量密度特性を詳細に考察する. アリの動きの基本になるモデルは以下の通りである. アリ同士はフェロモンを用いてお互いのコミュニケーションを実現している. このフェロモンの効果を取り入れるため, 新たな変数を導入した 2 変数確率セル

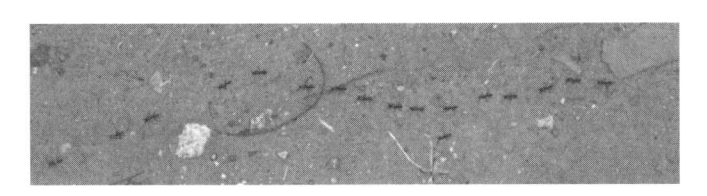

図 **3.16** アリの行列行進の様子.

オートマトンモデルが提案されている [2, 14]．それは以下の通りである．簡単のためアリは 1 次元の道を 1 方向のみに進むとする．まず，空間をセルに分け，各々のセルをラベル i ($i = 1, 2, \ldots, L$) で番号付けする．そして，アリとフェロモン用の変数として，S_i，および σ_i を用意する．アリはつねにフェロモンを通路に残していくが，フェロモンはある時間が経過すれば自然に蒸発する．アリはフェロモンの方向に惹きつけられるので，フェロモンがある場合とない場合では前に進む場合の「進みやすさ」が変わると考えられる．以上を加味して，アリの運動とフェロモンの状態更新を分けて以下のように 2 つのステージに分けてモデル化する（図 3.17）．

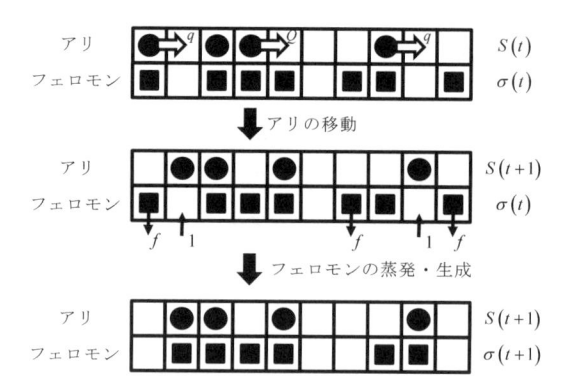

図 3.17 アリのセルオートマトンモデル（周期境界条件）の時間発展．アリとフェロモン用の 2 種類のセルを考える．セル上段がアリの存在するセル（●）を表し，セル下段がフェロモンの存在するセル（■）を表している．ある時刻でステージ 1 を行う前の状態（上図）において，次のセルにフェロモンがある場合は確率 Q，ない場合は確率 q でアリが前に進む．いくつかのアリが移動した後（中図），アリのいないセルでは確率 f でフェロモンが蒸発し，アリのいるセルはすべてフェロモンが生成される（下図）．

ステージ 1

アリがある時刻 t にセル i にいたとする（$S_i(t) = 1$）．もしも前にアリがいるならば（$S_{i+1}(t) = 1$），セル i のアリは動かない（排除体積効果）．そして，前にアリがいないときは，前に進もうとするが，フェロモンのあるなしに応じて進む前進確率 p が以下のように変わる．

$$p = \begin{cases} Q, & \sigma_{i+1}(t) = 1, \\ q, & \sigma_{i+1}(t) = 0 \end{cases} \tag{3.41}$$

このように2種類の確率 q, Q を導入し，フェロモンがある方が動きやすいので一般に $q < Q$ とおける．この確率でアリを前に動かすのがステージ1である．

ステージ2

次にステージ1でアリがいるセルはすべてフェロモンを生成する．つまり，もし $S_i(t+1) = 1$ ならば $\sigma_i(t+1) = 1$ とする．また，アリがいないセルのフェロモンは確率 f で蒸発するとする．すなわち，もし $S_i(t+1) = 0$ かつ $\sigma_i(t) = 1$ ならば確率 f で $\sigma_i(t+1) = 0$ とする．

ZRP に従ってこのモデルの解析を進めよう [10]．これは，すでに述べたように，前進確率がギャップサイズに関係して決まる，という確率セルオートマトンモデルである．フェロモンの蒸発現象により，ギャップサイズで前進確率が決まるのはこのモデルに合っていると考えられる．まず，ギャップサイズが x となる確率を $p(x)$，このときの前進確率を $u(x)$ とおくと，平均速度は

$$v = \sum_{x=1}^{L-M} u(x)p(x) \tag{3.42}$$

となる．ただし，L はシステムサイズ，M はアリの総数で，系の密度は M/L となる．そして，今回のモデルの場合，ZRP の厳密解を用いて

$$u(x) = q + (Q-q)g(x), \tag{3.43}$$

$$p(x) = h(x)\frac{Z(L-x-1, M-1)}{Z(L, M)} \tag{3.44}$$

と書くことができる．ただし，簡単のため $g(x) = (1-f)^{x/q}$ とし，

$$h(x) = \begin{cases} 1 - u(1), & x = 0, \\ \dfrac{1-u(1)}{1-u(x)} \prod_{y=1}^{x} \dfrac{1-u(y)}{u(y)}, & x > 0 \end{cases} \tag{3.45}$$

である.そして,分配関数[9] Z は次の漸化式より決定することができる.

$$Z(L,M) = \sum_{x=0}^{L-M} Z(L-x-1, M-1)h(x), \quad (3.46)$$

ただし,境界条件は $Z(x,1) = h(x-1)$ と $Z(x,x) = h(0)$ で与えられる.以上の結果を用いれば基本図を描くことができて,図3.18が理論曲線とシミュレーション結果の比較である.理論曲線は非対称の基本図をほぼきちんと再現していることがわかる[10].

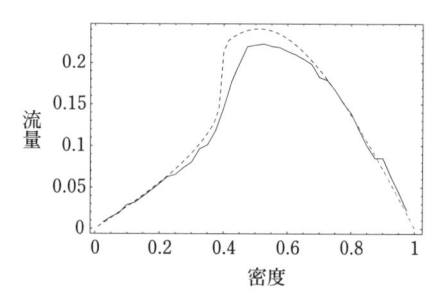

図 **3.18** ZRPによる流量密度の理論曲線(破線)とシミュレーション(実線)の結果.パラメータは $Q = 0.75, q = 0.25, f = 0.005$,そしてシステムサイズは $L = 200$.

次に開放系での相図を考えよう.これまでは周期系における定常状態を考えていたが,左端から確率 α でアリが流入し,右端から確率 β で流出するとしよう [10]. TASEP の場合,図3.19 に示すダイナミクスが開放系のダイナミクスである.

このとき,流入と流出のバランスにより,図3.20(a)に示すように系がパラメータに依存して異なる相を示す.相は全部で3つあり,低密度相,高密度相と最大流量相である.このアリのモデルは $f = 0$ または $f = 1$ のときに厳密に解ける TASEP になるが,相図はこのとき確かに厳密解と一致している.

---

9) 分配関数(状態和)とは,統計力学における用語であり,ある物理量の統計平均を計算する際に用いられる規格化定数のことである.
10) 本章で紹介したアリの数理モデル研究結果によると,高密度で渋滞することがわかるが,最近の実験観測によると,「アリは渋滞しない」ということが報告されている [6]. これは,アリの数理モデルではまだ考えられていない本質的なルールがあると考えられる.本書第2章も参照.

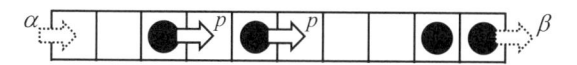

図 **3.19** 開放系(開放境界条件)TASEP の概略図.左境界では,左端のセルに粒子がいなければ確率 α で粒子が 1 つ流入し,右境界では,右端のセルに粒子がいれば確率 β で粒子が 1 つ流出する.

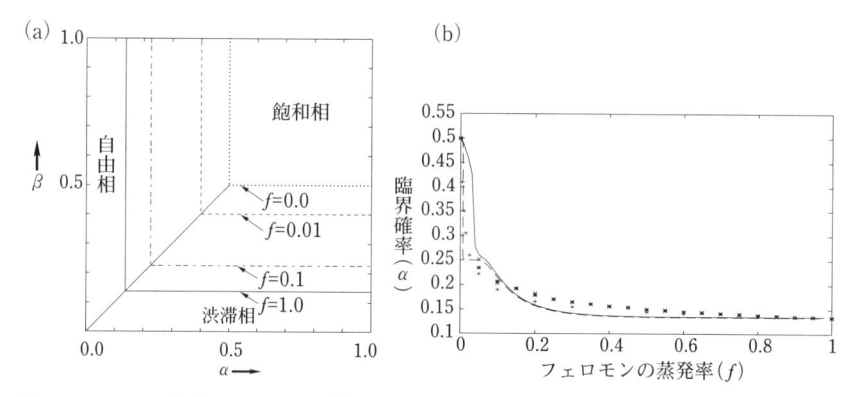

図 **3.20** (a) 開放系における相図[11]と (b) 臨界確率の蒸発率依存性.蒸発率を変えると臨界点が移動することがわかる.(b) で点は数値計算,曲線は ZRP による近似的な理論計算結果.臨界点は $\alpha = \beta$ なので,(b) の縦軸の臨界確率は α を用いてプロットしている.

そして新しい点はフェロモン蒸発率の導入により最大流量相が始まる臨界確率が単調に変化することである.その臨界確率と蒸発率の関係を図 3.20(b) に示してある.

3.6 最後に——渋滞吸収運転術

最後に車の渋滞現象の数理研究から得られた渋滞を解消する運転術について紹介する.

渋滞解消のキーワードは「Slow-in Fast-out」(スローイン ファストアウ

---

[11] 飽和相 (saturation phase) は最大流量相 (maximum current phase) ともよばれるが,圧縮性流体力学にみられる物理現象との類推で考えると,ノズルのスロウト (throat) でみられる「チョーク (choke, 閉塞)」に対応していることから,ここでは飽和相と記載する.

図 **3.21** "Slow-in Fast-out" の概念図．渋滞領域への流入量を減らし，流出量をより増大させれば渋滞長を短くすることができる．

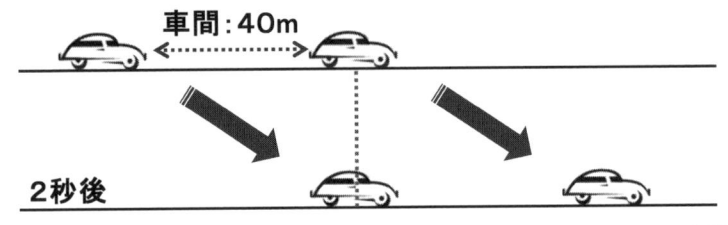

図 **3.22** 渋滞解消の極意．前方の車との車間距離を 40 m に保ち，70 km/h で走行する．2 秒後に前方の車両位置にいる状態を目安に運転すればよい．

ト）である（図 3.21）．車の列を考えたときに，車列の後方に加わる車の台数を前方から抜けていく台数よりも少なくすることができれば，渋滞車列を短くすることができる．そのためには，渋滞車列にゆっくりと近づき (Slow-in)，渋滞列からは素早く抜け出す (Fast-out) 走行をすればよいということになる．ここで紹介する渋滞吸収運転は，前者のゆっくり渋滞車列に近づき，車列に加わる車の頻度を低くする運転術である．とくに，渋滞吸収運転で重要なことは，あらかじめ適切な車間距離・速度をとって走行し，交通流量が増えてきても余裕をもった車間距離を利用して，前の車が減速してもなるべく速度を一定に保って走行することである．つまり，車間距離を頑張って一定の距離に保つために細かい加減速をするのではなく，余裕をもった車間距離を利用することで，速度を一定に保ち，なるべく無駄な加減速を行わないということである．具体的な走行方法としては，混んできても「車間距離 40 m 以下に詰めない走行」をすることである（図 3.22）．車間距離を 40 m とする理由は，実データをもとに，渋滞が発生しうる臨界密度以下にすることによる．この車間距離によって，前方から渋滞の波がやってきても，車間がその勢いを吸収してブレーキの増幅連鎖を弱めることができる．そして実際の高速道

路でそのような走行をして，渋滞発生を遅らせることも成功している [5]．この運転術は，渋滞が形成される初期段階であれば，個人の力でも大変有効である．一方，大きな渋滞に成長してしまうと，それを解消することは個人の力では困難になる．しかし，各ドライバーが統一した意識をもち渋滞解消運転術を実践すれば大きな渋滞も解消できるのである．

参考文献

[1] M. Bando, K. Hasebe, K. Nakanishi, A. Nakayama, A. Shibata and Y. Sugiyama, Phenomenological study of dynamical model of traffic flow, *J. Phys. I France*, **5** (1995), 1389.

[2] D. Chowdhury, V. Guttal, K. Nishinari and A. Schadschneider, A cellular-automata model of flow in ant trails: non-monotonic variation of speed with density, *J. Phys. A:Math.Gen.*, **35** (2002), L573.

[3] B. Derrida, M. R. Evans, V. Hakim and V. Pasquier, Exact solution of a 1D asymmetric exclusion model using a matrix formulation, *J. Phys. A*, **26** (1993), 1493.

[4] 広田良吾・高橋大輔『差分と超離散』共立出版 (2003).

[5] JAF 機関紙「JAF Mate」2009 年 6 月号.

[6] A. John, A. Schadschneider, D. Chowdhury and K. Nishinari, Trafficlike collective movement of ants on trails: Absence of a jammed phase, *Phys. Rev. Lett.*, **102** (2009), 108001.

[7] M. Kanai, Exact solution of the zero-range process: fundamental diagram of the corresponding exclusion process, *J. Phys. A*, **40** (2007), 7127–7138.

[8] M. Kanai, K. Nishinari and T. Tokihiro, A stochastic optimal velocity model and its long-lived metastability, *Phys. Rev. E*, **72** (2005), 035102(R).

[9] 小林浩一・山崎啓介「交通流の基本図における SOV モデルのパラメータ推定について」,『第 17 回交通流のシミュレーションシンポジウム論文集』(2011), p.61.

[10] A. Kunwar, A. John, K. Nishinari, A. Schadschneider and D. Chowdhury, Collective traffic-like movement of ants on a trail: Dynamical phases and phase transitions, *J. Phys. Soc. Jpn.*, **73** (2004), 2979.

[11] R. Nishi, H. Miki, A. Tomoeda and K. Nishinari, Achievement of alternative configurations of vehicles on multiple lanes, *Phys. Rev. E*, **79** (2009), 066119.

[12] 西成活裕『渋滞学』新潮社 (2006).

[13] 西成活裕『よくわかる渋滞学——図解雑学 絵と文章でわかりやすい!』ナツメ社 (2009).

[14] K. Nishinari, D. Chowdhury and A. Schadschneider, Cluster formation and anomalous fundamental diagram in an ant-trail model, *Phys. Rev. E*, **67** (2003), 036120.

[15] K. Nishinari and D. Takahashi, Analytical properties of ultradiscrete Burgers equation and rule-184 cellular automaton, *J. Phys. A: Math. Gen.*, **31** (1998), 5439.

[16] S. Yukawa and M. Kikuchi, Coupled-map modeling of one-dimensional traffic flow, *J. Phys. Soc. Jpn.*, **64** (1995), 35.

第4章

脳の現象数理

ニューロン，ニューラルネットワーク，行動のモデル

合原一究・辻 繁樹・香取勇一・合原一幸

4.1 ノーベル生理学・医学賞をもらった数理モデル

複雑系の典型例である脳はまた，最先端のコンピュータでもまったく太刀打ちできない高度で柔軟な情報処理系でもある．そのため，さまざまな分野で，脳そしてその構成要素であるニューロン（neuron: 神経細胞）の研究が進められてきている．

神経科学，脳科学分野においては，数理モデルが百年以上にわたって有効に活用されてきている．その中での大きな成功例が，ホジキンとハクスレイによるヤリイカ巨大神経の数理モデル化である．彼らは，このモデル（ホジキン–ハクスレイ方程式）を1952年に発表し，その業績で1963年のノーベル生理学・医学賞を受賞している．

彼らはまず，ヤリイカ巨大神経膜の特性を図4.1の電気回路モデルで表現した．次に，ナトリウムコンダクタンスg_{Na}とカリウムコンダクタンスg_{K}のダイナミクスを記述するために，現象論的変数m, h, nを導入し，実験データとの対比を経て，以下のホジキン–ハクスレイ方程式を定式化した [11, 24].

$$C\frac{dV}{dt} = I - g_{\mathrm{Na}}(m,h)(V-115.0) - g_{\mathrm{K}}(n)(V+12.0)$$
$$-0.24(V-10.613), \qquad (4.1)$$

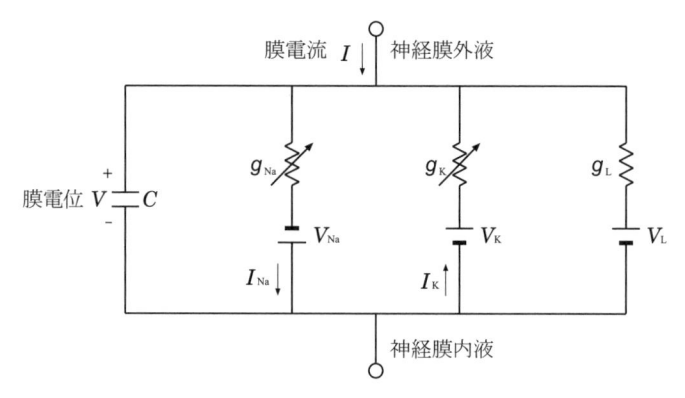

図 4.1 ホジキンとハクスレイによる神経膜の電気回路モデル．ただし，g_{Na}：膜電位 V に依存して動的に変化する非線形ナトリウムコンダクタンス，g_K：膜電位 V に依存して動的に変化する非線形カリウムコンダクタンス，I_{Na}：ナトリウムイオンによる内向きイオン電流，I_K：カリウムイオンによる外向きイオン電流，V_{Na}：ナトリウム平衡電位，V_K：カリウム平衡電位，L はもれ電流成分を表す [4]．

$$\frac{dm}{dt} = \frac{0.1(25-V)}{\exp\left(\frac{25-V}{10}\right)-1}(1-m) - 4\exp\left(\frac{-V}{18}\right)m, \quad (4.2)$$

$$\frac{dh}{dt} = 0.07\exp\left(\frac{-V}{20}\right)(1-h) - \frac{1}{\exp\left(\frac{30-V}{10}\right)+1}h, \quad (4.3)$$

$$\frac{dn}{dt} = \frac{0.01(10-V)}{\exp\left(\frac{10-V}{10}\right)-1}(1-n) - 0.125\exp\left(\frac{-V}{80}\right)n. \quad (4.4)$$

ここで，変数 V は神経の膜電位（静止電位を $V=0$ とする），$g_{Na}(m,h) = 120.0m^3h$，$g_K(n) = 40.0n^4$，I は膜電流，C は神経膜の静電容量，t は時間である．

ホジキン–ハクスレイ方程式は，彼らがこの方程式を提案した当時は用語や明確な概念すらなかった決定論的カオス解も解として有しており，その解に対応するカオス振動がヤリイカ巨大神経を用いた実験でも確認された [3]．彼らのこの研究の成功が発端となり，とくに最近は，神経科学，脳科学分野における数理モデリングと実験の融合研究が活発に行われるようになってきている．

本章では，この分野における数理モデル研究例を紹介する．4.2 節では，アマガエルの発声行動を例にした，脳を含む生物個体および個体間の相互作用の数理モデリング，4.3 節では，脳を構成するニューロンの数理モデルと動力学構造，4.4 節では，多数のニューロンから構築されるニューラルネットワーク（神経回路網）の数理モデルと動力学構造を解説する．

4.2 神経行動学と数理モデリング

動物の複雑な脳機能は，どのような行動を可能にするのだろうか？ 本節では，ニホンアマガエルの音声コミュニケーションを例に，行動実験と数理モデルを用いた動物の行動機構の研究を紹介する．

多くの動物は固有の音声信号を発する．たとえば，ジュウシマツは複雑な鳴き声を発し，繁殖を有利に進めようとする [28]．また，民家の屋根裏にも住むアブラコウモリは超音波を発し，その反響を利用して蛾などの昆虫を捕食する [5]．このように，動物の音声信号は時間的タイミングや周波数成分などに関して種や個体に固有の性質をもち，その役割も多岐にわたる．

4.2.1 アマガエルの発声行動と同期現象

ニホンアマガエルは，南は鹿児島県大隅諸島から北は北海道まで，日本の広範囲に生息する．繁殖期は 4 月から 7 月と他種のカエルより長く，水田に水が入るとオスが大きな声で鳴きはじめる．日本でもっともよくみられるカエルであり，その合唱は初夏の風物詩として知られている．オスは単独では，1 秒間に 4 回程度の頻度で強い周期性をもって鳴き（図 4.2(a)），その周波数成分は 1.7 kHz と 3.5 kHz 付近に集中している [21, 23]．これらはニホンアマガエルに固有の性質であり，同時期に活動するツチガエルやトノサマガエルなどとは異なる．このことから，ニホンアマガエルは同種の鳴き声を聞き分けていると考えられる．

前述のように，アマガエルのオスは単独では強い周期性をもって鳴く．そのような個体が複数集まった状態では，いったいどのような現象が起きてい

るのだろうか？

　筆者らはまず，2匹での発声特性を知るための行動実験を行った．具体的には，野外で捕獲したアマガエル2匹（カエルA, Bとする）を室内に置き，鳴き声を録音した．その際，2匹がどのようなタイミングで鳴き交わすかを調べるため，2本のマイクロフォンを用い，録音した音声を独立成分分析法で解析した．独立成分分析法とは，独立した信号の混合成分から元の信号を推定する解析法である [12]．この手法により，録音した音声信号から2匹それぞれの発声成分を分離した．そして，分離した成分から，個々の発声タイミング $t_A(i)$ および $t_B(j)$ を推定した（図 4.2(b)）．ここで i と j は，それぞれの発声が鳴きはじめから数えて何番目であるかを表す．さらに，2匹の発声タイミングの差を，位相差 $\phi = 2\pi \dfrac{t_B(j) - t_A(i)}{t_A(i+1) - t_A(i)}$ （ただし，$t_A(i) < t_B(j) < t_A(i+1)$）として推定した．その結果，2匹では位相差 π に近い状態で交互に鳴くことがわかった [1, 2]（図 4.2(b)）．

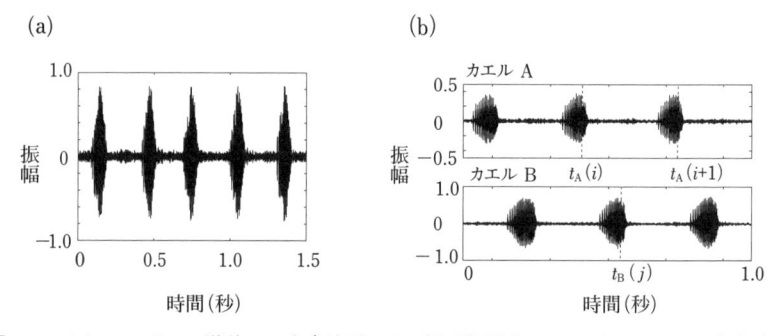

図 **4.2**　(a) アマガエル単独での音声波形, (b) 相互作用するアマガエル 2 匹の音声波形. 単独では周期的に鳴き，2 匹ではほぼ位相差 π で逆相同期して交互に鳴く．

　このように，単独では周期的に振る舞う素子が複数集まり，同じ周期かつ一定の位相差で振動する現象を同期現象とよぶ．たとえば東南アジアに生息するある種のホタルは，何千匹もの個体がほぼ位相差 0 で同期し，同じタイミングで発光をくり返す [18, 30]．また，3 本のロウソクを 1 つにまとめたものを 2 組用意し，それぞれに火をつけて 40 mm 程度まで近づけると，位相差 π で同期して交互に大きく燃え上がる [16]．前者のように位相差 0 の同位

相で同期する場合を同相同期現象，後者のように位相差 π の逆位相で同期する場合を逆相同期現象とよぶ．

アマガエルにみられるような逆相同期現象は，他種のカエルや鳥類，昆虫の鳴き交わしにおいても観測されている [8, 39]．なぜこれらの動物は逆相同期して鳴くのだろうか？ ニホンアマガエルの場合，筆者らが録音した鳴き声は広告音とよばれ，2 つの役割が知られている [21, 23]．1 つ目はメスをよびよせる役割，2 つ目はオスがなわばりを維持するための役割である．2 匹のオスが逆相同期して鳴くとき，互いの発声のオーバーラップは少なくなる．これにより，個々のオスが自身の存在をメスに強くアピールできると考えられる．一方，オス同士にとっては，互いの発声を聞き取りやすくなる．これにより，互いの位置関係を正確に認識でき，自身のなわばり維持に役立っている可能性がある．このように逆相同期状態での発声は，2 個体の音声コミュニケーションにおいて有効な行動戦略であると考えられる．

では次に，アマガエルが 3 匹に増えるとどうなるのだろうか？ 3 匹のカエル A, B, C が鳴き交わす状況を考えてみてほしい．仮に，カエル A と B が逆相同期して鳴き，かつカエル B と C も逆相同期して鳴いたとする．すると，カエル A と C は同相同期して同時に鳴くことになる．しかし，これは 2 匹の場合に逆相同期して鳴くという実験結果とは異なる．このように 3 匹が鳴き交わす場合，すべての組で逆相同期が同時に成立することは不可能であり，フラストレーションが生じる．

では，この状態を数理モデルで表して，可能な振る舞いを解析することはできないだろうか？ まずは実験結果を再現するように単独での発声行動と 2 匹での発声行動を数理モデル化し，それをもとに 3 匹の発声行動を予測してみよう．

4.2.2 アマガエル発声行動の基本数理モデル

アマガエル単独での発声行動を次式でモデル化する：

$$\frac{d\theta}{dt} = \omega. \tag{4.5}$$

θ は 0 から 2π までの値をとる位相 [18, 30], ω は正のパラメータで角周波数を表す. さらに, θ が 2π になるたびにカエルが鳴くと仮定する. 式 (4.5) を積分すると $\theta = \omega t +$ (定数) となる. 位相 θ は単調に増加し, 一定の時間間隔 $T = 2\pi/\omega$ で $\theta = 2\pi$ となる. よって, この数理モデルは, カエルが周期的に鳴く現象を記述していることがわかる. 単独のアマガエルは 1 秒間に 4 回程度の頻度で鳴くので $T \simeq 1/4$ 秒となり, $T = 2\pi/\omega$ より $\omega \simeq 8\pi$ と推定できる. 式 (4.5) のように, 位相のみに着目して周期的振る舞いを表すモデルを, とくに位相振動子 [18, 30] とよぶ.

次に, アマガエル 2 匹での発声行動を次式でモデル化する:

$$\frac{d\theta_A}{dt} = \omega_A + \Gamma_{AB}(\theta_B - \theta_A), \tag{4.6}$$

$$\frac{d\theta_B}{dt} = \omega_B + \Gamma_{BA}(\theta_A - \theta_B). \tag{4.7}$$

ここで, θ_A と θ_B は 2 匹それぞれの個体の発声タイミングを表す位相, ω_A と ω_B は個々の発声の角周波数を表す正のパラメータである. $\Gamma_{AB}(\theta_B - \theta_A)$ および $\Gamma_{BA}(\theta_A - \theta_B)$ はカエル同士の相互作用を表す関数であり, 2π の周期関数とする [18, 30]. 式 (4.6) および (4.7) は蔵本モデルとよばれ, 関連した理論研究が広く行われている [18, 30].

2 匹の実験結果を説明するため, 具体的に以下の関数を仮定する:

$$\Gamma_{AB}(\theta_B - \theta_A) = -K[\sin(\theta_B - \theta_A) - \gamma\sin(2(\theta_B - \theta_A))], \tag{4.8}$$

$$\Gamma_{BA}(\theta_A - \theta_B) = -K[\sin(\theta_A - \theta_B) - \gamma\sin(2(\theta_A - \theta_B))]. \tag{4.9}$$

ここでは 2 次の高調波の影響まで考慮し, 相互作用関数は 1 次と 2 次の $\sin$ 関数とした [2]. K は相互作用の大きさ, γ は 2 次の高調波の影響を表す正のパラメータである. 式 (4.6) から式 (4.7) を引き, 式 (4.8) と (4.9) を代入すると, 位相差 $\phi \equiv \theta_A - \theta_B$ の時間変化を表す次式が得られる:

$$\frac{d\phi}{dt} = \omega_A - \omega_B + 2K[\sin\phi - \gamma\sin(2\phi)]. \tag{4.10}$$

ここで, $d\phi/dt = 0$ となる点が平衡点であり, そのときの位相差を $\phi = \phi^*$ と表すことにする. 平衡点上では位相差は変化しないため, 2 つの位相振動子が同期している状態に相当する.

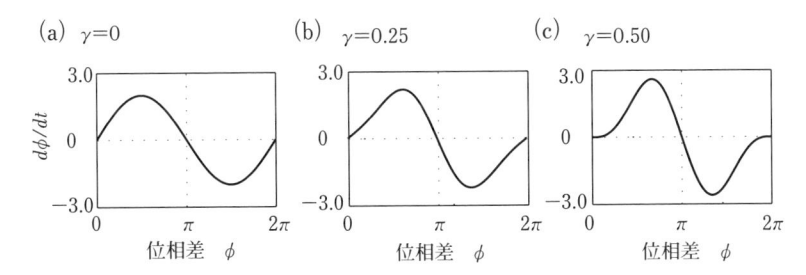

図 4.3 2匹の数理モデルにおける ϕ と $\frac{d\phi}{dt}$ の関係を表すグラフ. $0 \leq \gamma < 0.5$ のとき, 逆相同期状態を表す $\phi = \pi$ が唯一の安定平衡点となる.

次に, 式 (4.10) において, 実験結果を説明するようにパラメータ値を決定する. 単独のアマガエルの発声頻度は1秒間に4回程度であったので, まず $\omega_A = \omega_B = 8\pi$ と仮定する. 一方 $\omega_A = \omega_B$ であれば, 式 (4.10) における平衡点 ϕ^* は K の値によらない. したがって, 簡単のため $K = 1.0$ とする.

$0 \leq \gamma < 0.5$ としたときの式 (4.10) の概形を図 4.3 に示す. 2つの平衡点 $\phi^* = 0, \pi$ が存在することがわかる. 平衡点 $\phi^* = 0$ での勾配 $\frac{\partial}{\partial \phi}\frac{d\phi}{dt}$ は正であり, 平衡点の左側では $d\phi/dt < 0$ に, 右側では $d\phi/dt > 0$ になっている. そのため位相差 ϕ が $\phi^* = 0$ から少しでもずれると, この平衡点から離れていく. 一方, 平衡点 $\phi^* = \pi$ での勾配 $\frac{\partial}{\partial \phi}\frac{d\phi}{dt}$ は負であり, 平衡点の左側では $d\phi/dt > 0$ に, 右側では $d\phi/dt < 0$ になっている. そのため, 位相差 ϕ が $\phi^* = \pi$ から少しずれても元の位置に戻る. 前者の $\phi^* = 0$ を不安定平衡点, 後者の $\phi^* = \pi$ を漸近安定平衡点とよぶ. 漸近安定平衡点 $\phi^* = \pi$ は, アマガエル2匹が交互に鳴く逆相同期状態を定性的に説明できる. さらに, γ の値が大きくなると, $\phi^* = \pi$ での勾配も大きくなることがわかる. これは, 逆相同期状態の安定性の強さが γ の値に依存することを意味する. 行動実験では, 個体の組み合わせによって逆相同期状態の持続時間が異なっていた [2]. この結果は, 実験に用いる個体が異なれば, モデルのパラメータ γ の値が異なるとすることで定性的に説明できる.

4.2.3 アマガエル発声行動数理モデルの3体系への拡張と実験的検証

前項までの議論により, アマガエル単独での実験結果と2匹での実験結果

を説明する数理モデルが構築できた．次にこれらのモデルを拡張し，アマガエル3匹での発声行動を以下のように表す：

$$\frac{d\theta_i}{dt} = \omega_i + \sum_{j \neq i} \Gamma_{ij}(\theta_j - \theta_i). \qquad (4.11)$$

θ_i ($i=$ A, B, C) はカエル i の発声タイミングを表す位相，ω_i は個体固有の発声角周波数を表す正のパラメータである．また，$\Gamma_{ij}(\theta_j - \theta_i)$ ($i,j=$ A, B, C, $i \neq j$) はカエル j からカエル i への相互作用関数を表す．2匹の数理モデリングから，式 (4.8) および (4.9) は 2 匹の行動実験結果を少なくとも定性的に説明できることがわかっている．そこで，同様の相互作用関数を 3 匹のそれぞれの組に対して仮定する：

$$\Gamma_{ij}(\theta_j - \theta_i) = -K_{ij}[\sin(\theta_j - \theta_i) - \gamma \sin(2(\theta_j - \theta_i))]. \qquad (4.12)$$

ここで，K_{ij} はカエル j からカエル i への相互作用の大きさを表し $K_{ij} = K_{ji}$ と仮定する．γ は 2 次の高調波の影響を表す正のパラメータである．式 (4.11) に式 (4.12) を代入したものを 3 匹の数理モデルとする．

次に，この数理モデルの未知のパラメータを決定する．まず，2 匹のモデルと同様に，$\omega_A = \omega_B = \omega_C = 8\pi$, $0 \leq \gamma < 0.5$ と仮定する．K_{ij} については，アマガエルの空間配置を仮定することで値を決定する．なぜなら，カエル同士の距離が長くなるほど伝わる音量は小さくなるので，アマガエルの空間配置は相互作用の大きさ K_{ij} に影響すると考えられるからである．フィールドでの観察によると，アマガエルは水田の淵に並んで鳴いている場合が多い．そこで，3 匹のカエルが A, B, C の順に直線上に等間隔で並んでいる状況を想定する．いま隣り合うカエル A と B，カエル B と C の距離が等しいので，この 2 組の相互作用の大きさ K_{AB} と K_{BC} は等しいとする．さらに簡単のため，$K_{AB} = K_{BC} = 1.0$ とする．一方，両端にいるカエル A と C の距離は他の 2 組よりも長い．したがって，カエル A と C の相互作用の大きさ K_{AC} は K_{AB} と K_{BC} よりも小さい ($0 < K_{AC} \leq 1.0$) と考えられる．

以上のパラメータに関する考察をもとに，3 匹の数理モデルにおける同期解を求めた．具体的には，ω_i, K_{AB} および K_{BC} を上記の値に固定したうえ

で，K_{AC} と γ を $0 < K_{AC} \leq 1.0$ と $0 \leq \gamma < 0.5$ の範囲で変化させて数値計算を行った．その際，2つの位相差 $\phi_{AB} \equiv \theta_A - \theta_B$ と $\phi_{AC} \equiv \theta_A - \theta_C$ を定義し，同時に $d\phi_{AB}/dt = 0$ かつ $d\phi_{AC}/dt = 0$ となる漸近安定平衡点の組 $(\phi_{AB}^*, \phi_{AC}^*)$ を求めた．

その結果，K_{AC} と γ の値に応じて，主に 2 種類の漸近安定平衡点が得られた．1 つめは，3 匹がほぼ $2\pi/3$ の位相差で同期して順番に鳴く三相同期解 $(\phi_{AB}^*, \phi_{AC}^*) \simeq (2\pi/3, 4\pi/3), (4\pi/3, 2\pi/3)$ である．もう 1 つは，3 匹のうち 2 組がそれぞれほぼ逆位相で同期して鳴き，残りの 1 組がほぼ同位相で同期して鳴く，1 対 2 逆相同期解 $(\phi_{AB}^*, \phi_{AC}^*) \simeq (\pi, 0), (\pi, \pi), (0, \pi)$ である．これら 2 種類の同期状態の存在が，数理モデルにより予測された [2]．

実は，これらの予測は 3 匹での実験結果と一致する．次に，アマガエル 3 匹を用いて行った行動実験について説明しよう．

まず水田で捕獲したアマガエル 3 匹を，数理モデルで想定したように直線上に等間隔で並べた．そして，3 本のマイクロフォンで鳴き声を録音し，録音した音声データを独立成分分析法により解析した．代表的な実験結果を図 4.4 に示す．図 4.4(a) は 3 匹が順番に鳴く三相同期状態，図 4.4(b) はカエル A と B，カエル B と C の 2 組がほぼ逆位相で同期して鳴き，カエル A と C の 1 組がほぼ同位相で同期して鳴く 1 対 2 逆相同期状態である．このほか，組み合わせの異なる 1 対 2 逆相同期状態や鳴く順番の異なる三相同期状態も観察された [2]．これらは，単独や 2 匹での実験結果をもとにした 3 匹の数理モデルによる予測と一致する．

しかし一方で，式 (4.11), (4.12) の数理モデルでは説明しきれなかった現象もある．実験結果によると，1 対 2 逆相同期状態と三相同期状態の間を複雑に遷移する場合があった [2]．モデル上では，複数の同期状態が同時に安定平衡点になるようなパラメータは存在する [2]．しかし，初期条件によっていずれかの安定平衡点に落ち着くので，このような遷移現象は説明できない．複雑な遷移現象については，たとえばカエルの聴覚系や発声系，さらにはその間の情報処理系のメカニズムをより正確にモデル化することで，数理的に説明できる可能性がある．数理モデルのさらなる改良は今後の課題である．

とはいえ，本節で紹介した数理モデルはアマガエルの音声コミュニケーショ

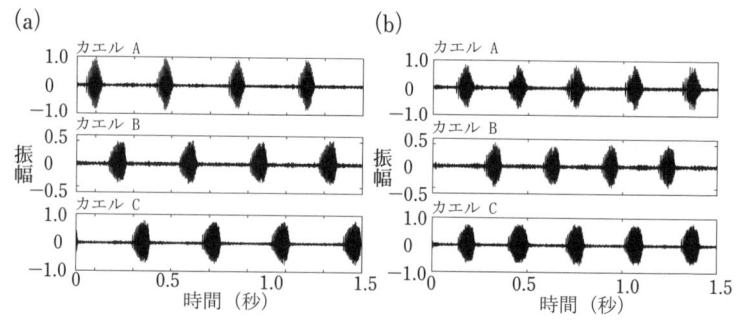

図 **4.4** アマガエル 3 匹での実験の音声波形. (a) 3 匹が順番に鳴く三相同期状態, (b) カエル B 対カエル A, C の 1 対 2 逆相同期状態.

ンのうち，発声タイミングの調整機構をうまく表現していると考えられる．単独や 2 匹での実験結果をもとにした数理モデルから 3 匹での発声行動を正確に予測することは，より多くの個体による発声行動の予測につながる．これにより，フィールドでの合唱機構の解明も可能になると考えている．筆者らは現在，位相振動子が空間配置を変化させる数理モデルを用いて，アマガエルの合唱機構を数理的に研究している．その一方で，音声可視化デバイス「カエルホタル」を開発し，フィールドにおける複数のアマガエルの空間配置と発声タイミングの同時検出に取り組んでいる [25]．これらの数理研究とフィールド調査の両面から，集団内でオスがどのようになわばりを維持し，繁殖を行っているかを解明していく予定である．

このように，アマガエルのような身近な動物でも未解明な行動が残されており，興味深い数理モデル研究の題材となりうるのである．

4.3 ニューロンの数理モデル

前節で紹介したアマガエルの発声行動を生み出しているのは，その脳である．そして，脳は多数のニューロンから構成されている．近年，計測技術の進歩により，単一ニューロンの振る舞いやニューロンの集団的活動に関して詳細な活動記録が得られるようになった．これらの技術的進歩により，研究

対象とするニューロンから得られたデータをもとに構築される数理モデルが，それ以前のモデルに比べて，より高次元化，複雑化している．このようなモデルは実験データをもとに構築されているため，生物ニューロンの発火活動と直接比較，検討ができる反面，高次元システムであるためその解析は容易ではない．

そこで本節では，ニューロンの発火特性を比較的忠実に再現でき，かつ見通しのよい数理解析が可能である 2 次元ヒンドマーシュ–ローズ方程式（2DHR 方程式）について紹介する．

4.3.1 ニューロンの興奮性とくり返し発火特性

ニューロンの数理モデルを構築し解析を行う際，ニューロンのどのような性質に着目するかが重要となる．着目すべきニューロンの性質にはさまざまなものがあるが，ニューロンの基本的な性質の 1 つに，"興奮性"とよばれる性質がある．この興奮性は，静止状態にあるニューロンに刺激電流を加えた際にそのニューロンの応答を生み出す．

図 4.5（左）に示すように，静止状態のニューロンに対して弱い刺激電流を加える，つまり小さな摂動を加えるとその刺激の強さに応じて膜電位が線形動力学的に上昇し，その後膜電位はもとの静止膜電位へと戻る．しかし，図 4.5（中）のように，膜電位があるレベル（しきい値）を越えるほどの大きな摂動が加わった場合，活動電位とよばれる急激な膜電位変化（発火）が生じる．また，図 4.5（右）のように，大きな摂動を加え続けると，ニューロンは静止状態に戻らず発火をくり返す．このように，ニューロンは受け取った刺激に対して活動電位の生成を含む膜電位変化としての反応を示す．

ホジキンは，生物ニューロンに対して外から加える定常刺激電流をしだいに増加させたとき，そのニューロンが示す興奮性の違いによって 2 つのクラス[1]に区別した（図 4.6）[10]．クラス 1 は，定常刺激電流の増加に伴い，0 に近い十分低い周波数応答からスムーズに高い周波数応答へと変化するクラス

---

[1] 正確には 3 つのクラスに分類しており，クラス 3 は非常に強い刺激電流を加えても数発の発火の後，静止状態に落ち着いてしまうクラスである．本節では，主要なクラスであるクラス 1，2 についてのみふれる．

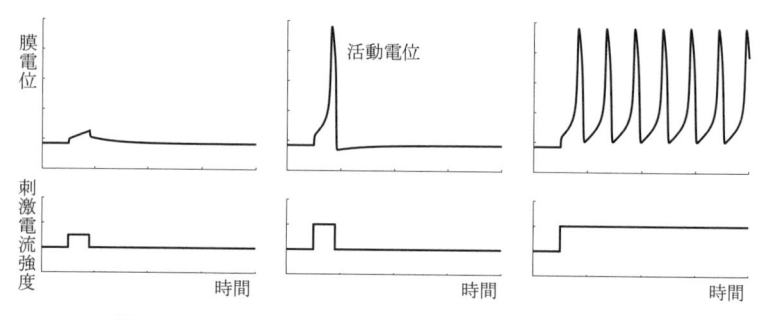

図 4.5 外部刺激電流印加によるニューロンの膜電位変化.

であり,クラス 2 は,ある有限周波数で不連続にくり返し発火を開始し,その周波数からあまり上昇がみられないクラスである.この 2 つのクラスの違いは,数理モデルの世界においてどのように解釈できるであろうか?

図 4.6 に示すように,両クラスとも臨界刺激電流強度 (I_1, I_2) までは発火しておらず静止状態である.その状態から刺激を増加させていき,刺激電流強度が臨界刺激電流強度を越えるとくり返し発火状態へと変化する.これら 2 つの状態は,この臨界点を境に突然変化していることがわかる.数理モデル

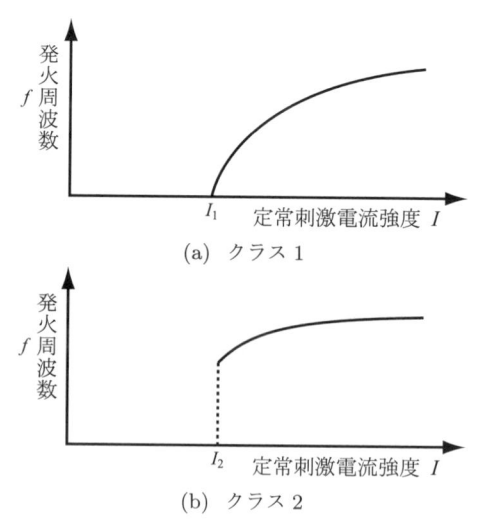

(a) クラス 1

(b) クラス 2

図 4.6 クラス 1, 2 のニューロンの定常刺激電流強度 I に対する発火周波数特性.

の観点からこの周波数応答特性をみると，静止状態は漸近安定平衡点，くり返し発火状態は周期振動を表す安定リミットサイクルに対応する．また，臨界刺激電流強度を境に生じる急激な変化については，漸近安定平衡点の不安定化，もしくは消滅により，システムの状態が静止状態からくり返し発火状態へ，逆方向にみれば，安定リミットサイクルの消滅により，くり返し発火状態から静止状態へと遷移していると考えることができる．

このようなシステムに含まれるパラメータ（ここでは，刺激電流強度 I）の変化によって，解の定性的性質が急変する現象は分岐現象とよばれており，ニューロンモデルを含む非線形微分方程式では，しばしばこのような分岐が観測され，その種類もさまざまなものがある．それら分岐において，クラス 1 の興奮性はサドル・ノード・オン・インバリアントサークル (saddle-node on invariant circle) 分岐，クラス 2 の興奮性はスーパークリティカル (supercritical)（もしくは，サブクリティカル (subcritical)）・アンドロノフ・ホップ (Andronov-Hopf) 分岐や，共存する安定リミットサイクルを伴うサドル・ノード (saddle-node) 分岐（サドル・ノード・オフ・リミットサイクル (saddle-node off limit cycle) 分岐とよばれることもある）と対応づけられることが明らかになっている [14][2]（図 4.7 参照）．実際に，脳を構成しているニューロンには，錐体細胞のようにクラス 1 の興奮性を示すニューロンや，ある種の介在ニューロンのようにクラス 2 の興奮性を示すニューロンが存在している．本節では，クラス 1 の興奮性を示す分岐であるサドル・ノード・オン・インバリアントサークル分岐，クラス 2 の興奮性を示す分岐であるスーパークリティカル・アンドロノフ・ホップ分岐をとりあげ，各興奮性と分岐現象との関係について明らかにしていく．

4.3.2　2 次元ヒンドマーシュ–ローズ方程式（2DHR 方程式）の動力学と分岐現象

それでは実際に，数理モデルの解析を通して興奮性と分岐現象の関係についてみてみよう．まず，2DHR 方程式を式 (4.13) に示す [9, 31, 36]．

---

[2]　いくつかの書籍，論文において，クラス 1 はサドル・ノード分岐と，クラス 2 はアンドロノフ・ホップ分岐と対応づけられているが，これは必ずしも正確な分類ではない．

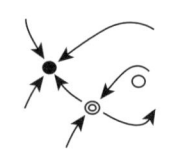

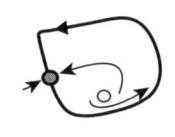

(a) サドル・ノード・オン・インバリアントサークル分岐

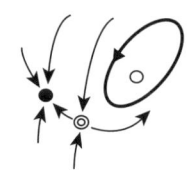

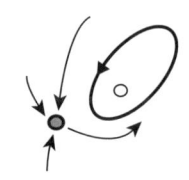

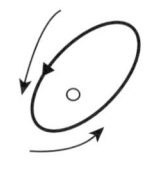

(b) サドル・ノード・オフ・リミットサイクル分岐
（共存する安定リミットサイクルを伴うサドル・ノード分岐）

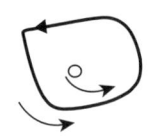

(c) スーパークリティカル・アンドロノフ・ホップ分岐

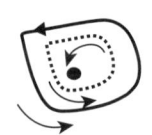

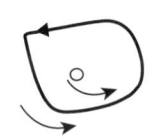

(d) サブクリティカル・アンドロノフ・ホップ分岐

図 4.7　ニューロンの興奮性と分岐現象．各図は状態平面を表しており，黒丸は漸近安定平衡点，白丸は不安定平衡点，二重丸はサドル点，灰色の丸はサドル点と漸近安定平衡点が融合したサドル・ノード点，細い矢印付き実線は解軌道例，太い矢印付き実線は安定リミットサイクル，破線は不安定リミットサイクルである．ただし，太実線のうち，線上にサドル・ノード点が存在する図においては，通常のリミットサイクルではなく，周期無限大のホモクリニック軌道となっている．各図において，漸近安定平衡点は静止状態，安定リミットサイクルはくり返し発火状態に対応し，各分岐は，刺激電流や内的変化によって生じる状態平面上の動力学構造の遷移を表している．

$$\begin{cases} \dfrac{dV}{dt} = e\left(V - \dfrac{V^3}{3} - W + I\right), \\ \dfrac{dW}{dt} = \dfrac{aV^2 + bV - cW + d}{e}. \end{cases} \quad (4.13)$$

ここで，状態変数 V, W はそれぞれ膜電位，回復変数を表しており，回復変数は膜電位変化と比べてゆっくりと変化するイオンチャネルの不活性化などを表現した変数である．a, b, c, d, e, I はパラメータであり，a から e は回復変数のダイナミクスを決定するパラメータ，I は外部刺激電流強度である．2DHR 方程式は，ホジキン–ハクスレイ方程式を 2 次元に簡略化したモデルであるフィッツフュー–南雲方程式（FHN 方程式）[7, 27] における回復変数 W のダイナミクスを V に関する 1 次の方程式から 2 次の方程式へと変化させたものであり，式 (4.13) において，$a = 0, b = 1$ とおくと，$dW/dt = (V - cW + d)/e$ となり，2DHR 方程式は FHN 方程式と等価となる．

FHN 方程式と 2DHR 方程式の違いをみるために，各方程式のナルクライン (nullcline) を図 4.8 に示す．ナルクライン $\mathrm{N}_V, \mathrm{N}_W$ は，次式で定義される集合である．

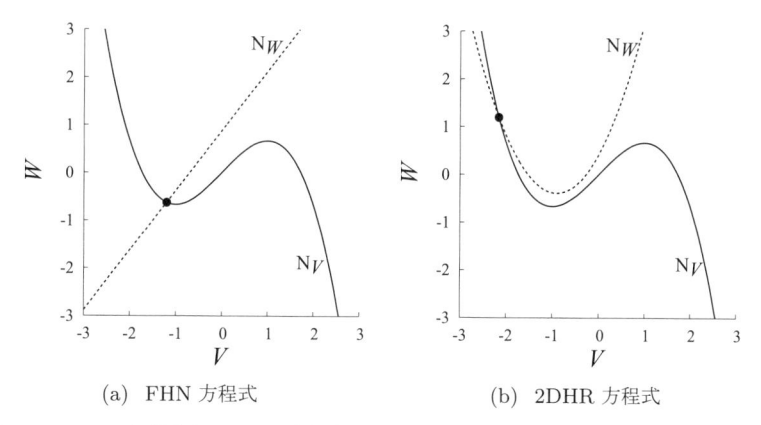

(a) FHN 方程式

(b) 2DHR 方程式

図 **4.8** FHN 方程式と 2DHR 方程式のナルクライン．各図で用いたパラメータは，(a) $a = 0.0, b = 1.0, c = 0.8, d = 0.7, e = 3.0$, (b) $a = 1.0, b = 1.8, c = 1.0, d = 0.42, e = 3.0$ である．実線と破線の曲線は，それぞれナルクライン $\mathrm{N}_V, \mathrm{N}_W$ であり，黒丸はニューロンの静止状態に対応する漸近安定平衡点を表している．

$$\begin{aligned}
\mathrm{N}_V &= \{(V,W) \in \mathbf{R}^2 | dV/dt = 0\}, \\
\mathrm{N}_W &= \{(V,W) \in \mathbf{R}^2 | dW/dt = 0\}.
\end{aligned} \quad (4.14)$$

ナルクラインは，その定義に示すようにモデルを構成する各方程式において，右辺が0，つまり時間微分が0となる集合となっており，ナルクライン N_V, N_W の交点は平衡点となる．平衡点の安定性は，平衡点まわりで線形化することによって得られる線形化微分方程式の固有値の値によって決まる．FHN方程式，2DHR方程式はともに2次元連立微分方程式であるため固有値は2つ存在し，それら固有値がどのような値であるかを調べることで平衡点の安定性を判別することができる．図 4.9 に示すように，2次元連立微分方程式の平衡点は典型的には3種類に分類される．2つの実固有値（複素固有値の場合は実数部）がともに負であれば漸近安定平衡点（沈点），1つの固有値が負の実数で他方が正の実数であればサドル点（鞍点），ともに正（複素固有値の場合は実数部が正）であれば不安定平衡点（源点）となる．

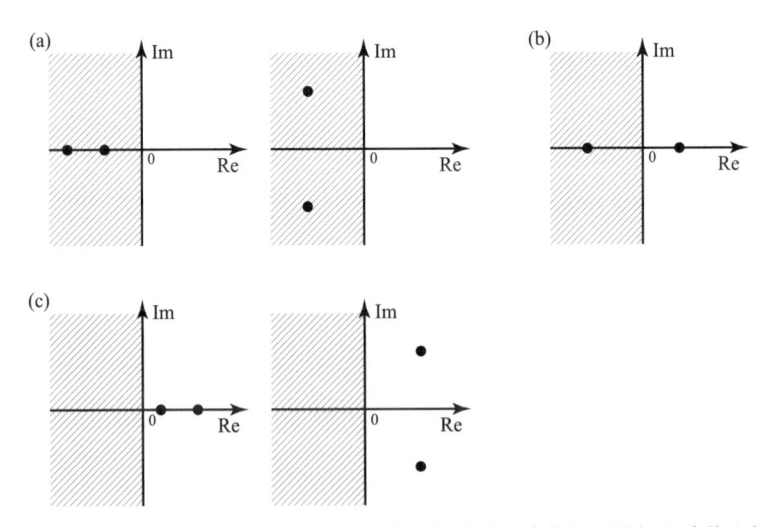

図 **4.9** 2次元連立微分方程式における平衡点の安定性と固有値との関係．固有値は実数，もしくは複素数の値をとるが，値の正負により安定性を判別することができる．平衡点まわりの線形化方程式の固有値が，ケース (a) の場合は漸近安定平衡点（沈点）であり，ケース (b) の場合はサドル点（鞍点），ケース (c) の場合は不安定平衡点（源点）となる．

次に，外部刺激電流強度 I とナルクラインの関係をみると，I は N_V にのみ含まれていることから，刺激電流強度を変化させることは，N_V を W 軸方向に変化させることを意味する．また，他のパラメータもナルクラインの座標や曲率を決定するパラメータであることもわかる．図 4.8 に示すように，FHN 方程式と 2DHR 方程式を比べると，回復変数 W に関する方程式が 1 次から 2 次へと変化し，ナルクライン N_W の形状も "直線" から "放物線" へと変化していることがわかる．FHN 方程式は，サブクリティカル・アンドロノフ・ホップ分岐によって，静止状態からくり返し発火状態へと移行することから，クラス 2 の興奮性をもつことがよく知られている．両モデルのナルクライン N_W の形状の違いが，具体的にどのような違いを生み出すのであろうか？ この疑問を明らかにするために，2DHR 方程式の分岐構造をくわしく調べてみよう．

まず，式 (4.13) のパラメータについて，$a = 1, c = 1, e = 3, I = 0$（外部刺激電流なし）と固定し，残りのパラメータ b, d を変化させた場合に生じる分岐現象を調べた．この 2 つのパラメータ d-b 平面に存在する分岐集合を求めた 2 次元分岐図 [36] を図 4.10 に示す．

図 4.10 において，いくつかの分岐集合が曲線（分岐曲線）として存在していることがわかる．この曲線を横切るようなパラメータ変化を方程式に与えた場合，その曲線を境に動力学構造が急変する分岐現象が観測される．また，曲線ではなく孤立した分岐点も存在している．これらの分岐曲線は 1 つのパラメータの変化によって発生する余次元 1 の分岐を，孤立した分岐点は 2 つのパラメータが特定の条件を満たすことによって発生する余次元 2 の分岐を各々表す．分岐点，分岐曲線は，平衡点やリミットサイクルといった解の安定性が変化する瞬間，もしくは解そのものが消滅する瞬間のパラメータ値であり，分岐が発生するパラメータ値は平衡点，リミットサイクルの安定性の変化，つまり固有値の変化を追跡することで求めることができる．

たとえば，図 4.11(a), (b) に示すように，漸近安定平衡点の実固有値のうち 1 つが 0 となるとき，もしくは，不安定平衡点の実固有値のうち 1 つが 0 となるとき，サドル・ノード分岐（$\mathrm{SN}^{\mathrm{s}}, \mathrm{SN}^{\mathrm{u}}$ 分岐）が発生する．この分岐によって，サドル点とノード（実固有値をもつ平衡点）が癒着し消滅，また

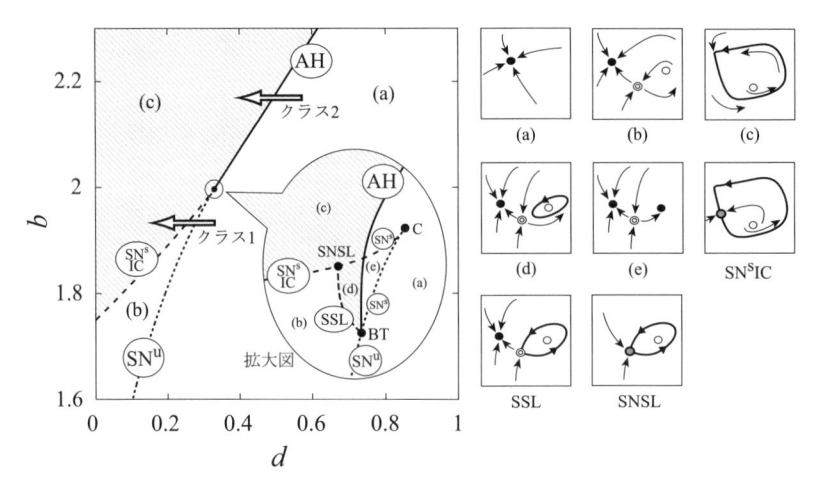

図 4.10　平衡点とリミットサイクルの 2 次元分岐図（左）と状態平面の模式図（右）．図中の記号は，それぞれ，AH：スーパークリティカル・アンドロノフ・ホップ分岐，SN^sIC：漸近安定なノード（実固有値のみをもつ平衡点）に関するサドル・ノード・オン・インバリアントサークル分岐，SN^s, SN^u：それぞれ漸近安定，不安定なノードに関するサドル・ノード分岐，SSL：サドル・セパラトリクス・ループ分岐，BT：ボグダノフ・ターケンス分岐，C：カスプ，SNSL：サドル・ノード・オン・セパラトリクス・ループ分岐を表している．また，斜線部の領域では，安定なリミットサイクルが存在している．右図は，各領域（(a)–(e)）といくつかの分岐点，分岐曲線上における状態平面の模式図であり，黒丸は漸近安定平衡点，白丸は不安定平衡点，二重丸はサドル点，灰色の丸はサドル点と漸近安定平衡点が融合したサドル・ノード点，細い矢印付き実線は解軌道例，太い矢印付き実線は安定リミットサイクルである．ただし，太実線のうち，線上にサドル点，またはサドル・ノード点が存在する図においては，通常のリミットサイクルではなく周期無限大のホモクリニック軌道となっている．

は発生するといった平衡点の個数の変化がみられる．一方，図 4.11(c) に示すように，負の実部をもつ複素共役な固有値が虚軸を横切る瞬間，つまり固有値が純虚数となるとき，スーパークリティカル（もしくはサブクリティカル）・アンドロノフ・ホップ分岐が発生する．このとき，漸近安定平衡点の安定性が変化し，不安定平衡点となると同時に，振幅無限小の安定（もしくは不安定）なリミットサイクルが発生し，図 4.11(c) の矢印の向きに（もしくは矢印の逆向きに）安定（もしくは不安定）リミットサイクルの振幅が増大する現象がみられる．以上のことから，固有値のうち 1 つが 0 となる，もしくは 2 つの複素共役固有値が純虚数となるパラメータ値を計算することによ

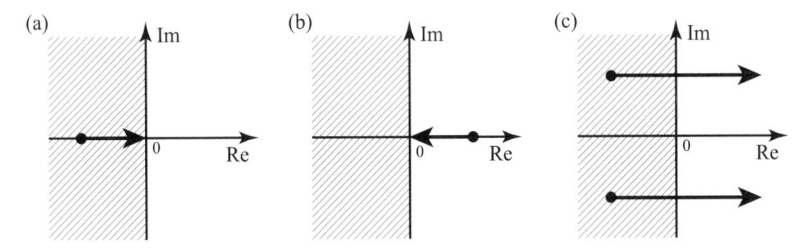

図 4.11 2 次元連立微分方程式における平衡点の分岐と固有値との関係．ケース (a) に示すように負の実固有値が 0 となるとき，SN^s 分岐が発生し，ケース (b) に示すように正の実固有値が 0 となる場合は，SN^u 分岐が発生する．一方，ケース (c) のように負の実部をもつ複素共役固有値が虚軸を横切る瞬間，つまり固有値が純虚数となるとき，スーパークリティカル・アンドロノフ・ホップ分岐（図 4.10 中の AH 分岐）やサブクリティカル・アンドロノフ・ホップ分岐が発生する．

り，これらの分岐集合を求めることができる．ただし，図 4.10 に存在する余次元 2 の分岐や，大域的な分岐である SSL 分岐，SNSL 分岐については，分岐が発生するパラメータ値の計算は煩雑となる．

4.3.3 2DHR 方程式の分岐現象とくり返し発火特性

図 4.10 の 2DHR 方程式に関するパラメータ d-b 平面は，分岐曲線によって (a)–(e) の 5 つの領域に分割されており，各領域は動力学構造が位相幾何学的に異なる領域となっている．つまり，図 4.10（右）に示す状態平面図のように，各領域内に存在する平衡点やリミットサイクルの個数もしくはそれらの安定性が他の領域とは異なっている．ここでニューロンモデルとして着目すべき解は，静止状態に対応する漸近安定平衡点とくり返し発火状態に対応する安定なリミットサイクルである．図 4.10 では，白地の領域には漸近安定平衡点が，斜線部の領域には安定リミットサイクルが存在しており，それぞれ，静止状態，くり返し発火状態に対応する．左図中の丸で囲まれた微小な領域には，複雑な分岐構造が存在しているが，ここで，注目すべき点は，システムの状態をニューロンの静止状態に対応する白地の領域（領域 (a) または (b)）に設定し，そこから斜線部の領域（領域 (c)）へとパラメータ値を変化させた場合，AH 分岐，もしくは，SN^sIC 分岐のどちらかの分岐を経てシステムの状態が安定リミットサイクル（くり返し発火状態）へと分岐するということ

である．つまり，2DHR 方程式はクラス 1，クラス 2 両方の発火特性をもち，b, d の組み合わせによって，両方の発火特性を生成し得ることがわかる．

図 4.10 においてパラメータ b, d はともにシステムの内部パラメータであり，外部刺激電流強度 I の変化によって生じる動力学構造の変化とは，対応関係がないように思えるが，状態平面上における各ナルクラインの位置関係（図 4.8(b) を参照）に注意すると，d を変化させたとき，N_W が W 軸方向にシフトすることがわかる．一方で，I を変化させることは，N_V を W 軸方向にシフトさせていることになり，W 軸方向における N_V, N_W の相対的な位置関係を変化させるという意味で同じであることがわかる．つまり，パラメータ b, d をある値に固定した後，I を増加させるということは，図 4.10 上において，固定されたパラメータセットから d を減少させていくことと等価になる．実際にパラメータ b, d を固定し，I を変化させた場合の発火周波数特性 [36] を図 4.12 に示す．

図 4.12(a), (b) は，それぞれクラス 1，クラス 2 の特性を示すように図 4.10 をもとにパラメータ b, d を設定し，外部刺激電流強度 I を増加させた場合の発火周波数特性を示している．図 4.12(a) に示すクラス 1 のケースでは，$0 \leq I < I_1$ の場合，システムの状態は漸近安定平衡点であり，発火周波数は 0 となる．$I = 0$ におけるシステムの状態は，$b = 1.8, d = 0.42$ と固定していることから，図 4.10 における領域 (a) の状態であることがわかる．このとき，状態平面には漸近安定平衡点が 1 つ存在するだけであるが，この状態から I を増加させると，SN^u を経て領域 (b) へと移動する．この分岐により，サドル点と不安定平衡点が発生し，平衡点の数が 1 つから 3 つへと変化する（ナルクラインの交点の数が変化する）が，漸近安定平衡点に関する分岐ではないため，システムの状態は変化せず静止状態のままである．$I = I_1$ のとき，SN^sIC が発生し，サドル・ノード点とホモクリニック軌道からなるインバリアントサークル上でサドル・ノード分岐が発生する．この分岐はサドル・ノード分岐と同時にリミットサイクルの発生・消滅が生じる分岐であるが，平衡点からみると通常のサドル・ノード分岐であるため，一般のサドル・ノード分岐と同様の解析によりパラメータ値を求めることができる．この分岐点において，サドル・ノード点から出発した解は，$t \to \pm\infty$ でサドル・

(a) クラス1

(b) クラス2

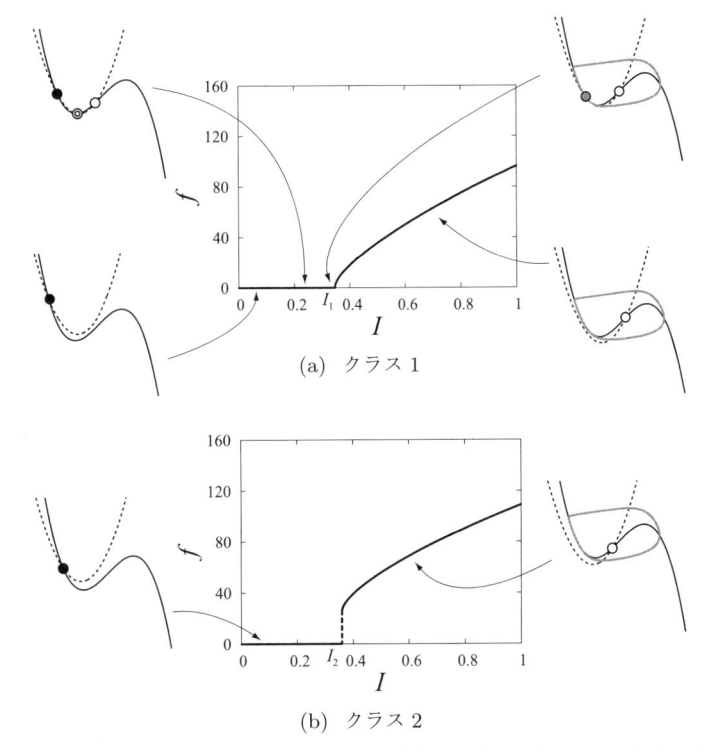

図 4.12 外部刺激電流強度 I に対するくり返し発火を表現する安定リミットサイクルの周波数特性．リミットサイクル解の V の最大値が 0 以上のとき，そのリミットサイクルはくり返し発火を表現しているとし，0 以下の場合，そのリミットサイクルはくり返し発火ではなく，しきい値下振動を表現しているとする．ここで，各図のパラメータは，(a) クラス1：$a = 1.0$, $b = 1.8$, $c = 1.0$, $d = 0.42$, $e = 3.0$，(b) クラス2：$a = 1.0$, $b = 2.2$, $c = 1.0$, $d = 0.88$, $e = 3.0$ である．外側に示している状態平面図において，黒丸は漸近安定平衡点，白丸は不安定平衡点，二重丸はサドル点，灰色の丸はサドル点と漸近安定平衡点が融合したサドル・ノード点，実線と破線の曲線は，それぞれ N_V, N_W である．また，図右側にみられる灰色の曲線は安定リミットサイクルである．ただし，灰色曲線のうち，曲線上にサドル・ノード点が存在する図においては，周期無限大のホモクリニック軌道となっている．

ノード点に戻ってくる周期無限大のホモクリニック軌道となっており，発火周波数は 0 である．この分岐点の右側 ($I > I_1$) は図 4.10 の領域 (c) に対応しており，この領域ではアトラクタとしては安定なリミットサイクルのみが存在する．また，同じ領域内ではあるが，くり返し発火の時間間隔は分岐点を

離れるにつれ短くなり，周波数がしだいに増加していく．分岐発生直後では，2つのナルクラインが近接する領域をリミットサイクルの一部が通過することによって，軌道の速度が低下し周波数は非常に低くなっているが，I の増加に伴い，N_V が W 軸方向に上昇することにより近接する領域がなくなり，軌道の速度が上昇し周波数が増加していると考えることができる．

次に，図 4.12(b) に示すクラス 2 のケースでは，I が 0 から I_2 の直前まで増加するとき，図 4.10 の領域 (a) に位置するため，クラス 1 と同様にシステムの状態は漸近安定平衡点である．しかし，$I = I_2$ 直前で AH 分岐により漸近安定平衡点が不安定平衡点へと変化し，同時に非零の周波数をもつ安定なリミットサイクルが生じる．この安定なリミットサイクルはあひる解（カナール解）とよばれており，分岐直後は，振幅が小さいためしきい値下振動であるが，I のわずかな増加により振幅が急激に大きくなり，$I = I_2$ で V の最大値がしきい値を超え，くり返し発火へと変化する．この結果，クラス 1 のケースと異なり，周波数 f の 0 Hz から有限周波数への不連続的変化がみられる．なお，このケースでは，図 4.10 においてクラス 1 と非常に近いパラメータ値を用いているため，典型的なクラス 2 の興奮性とは異なり，分岐後に生じたリミットサイクルの周波数がほぼ一定値をもつことはなく，電流の増加に伴い上昇している．実際に，このような特性を有する介在ニューロンもみつかっている．パラメータ b の値によって，発火周波数の変動の仕方は異なってくるが，所望する特性を得たい場合，モデルごとにパラメータ値を調整する必要がある．

ここまで，2DHR モデルは，パラメータ設定により，サドル・ノード・オン・インバリアントサークル分岐によるクラス 1 の興奮性，スーパークリティカル・アンドロノフ・ホップ分岐によるクラス 2 の興奮性を示すことを紹介したが，その他にも，サドル・ノード・オフ・リミットサイクル分岐，サブクリティカル・アンドロノフ・ホップ分岐を経た場合の興奮性も有している．図 4.7 に示すように，この 2 つの分岐は静止状態とくり返し発火状態が共存する双安定状態をもつ．本節で紹介した 2 つの分岐では，静止状態・くり返し発火状態間の遷移は 1 つの分岐によって生じるが，これらの分岐は静止状態からくり返し発火状態へと移行する刺激電流強度の値とくり返し発火状態

から静止状態へと移行する刺激電流強度の値が異なるためである．これら2つの分岐も含め，2DHRモデルの詳細については，文献[36]を参照していただきたい．

2DHRモデルは，非常に単純なモデルであるが，ニューロンのさまざまな基本的興奮特性を有しているモデルであり，このような低次元モデルを通して興奮性の数理的な仕組みを知ることは，高次元モデルの解析を行ううえでも非常に重要である．また，ニューロンモデルを複数結合した結合系の場合，もちろんその結合様式が集団の動力学特性に影響を与えるが，個々のニューロンモデルがもつ性質も集団の動力学特性に大きな影響を及ぼす．その意味でも，研究対象とするニューロンモデルが，どのような性質をもつのか，つまり，どのような分岐構造を有するのかを明らかにすることが重要となる．

4.4 ニューラルネットワークの数理モデル

前節では，単一のニューロンモデルの動力学特性を 2DHR 方程式を例として紹介した．本節では，多数のニューロンから構成されるニューラルネットワーク（神経回路網）の数理モデルを解説する．ヒトの脳は約 1000 億個のニューロンから構成され，ニューロンどうしが互いに結合し，電気信号をやりとりすることで，高度で柔軟な機能を生み出している．以下では，まずニューラルネットワークの構成要素である，ニューロンとニューロンどうしのつなぎ目であるシナプスの数理モデルを説明する．次に，ニューロンの集団レベルでの挙動を解析するために有用な平均場モデルのアプローチを紹介し，その動力学的性質が，脳の高次機能を司る前頭前野において，どのように情報処理に関わるかを説明する．

4.4.1 スパイキングニューロンとシナプスの数理モデル

ニューロンは，スパイク（活動電位）とよばれるパルス状の電気信号を発生し，シナプスを介して結合した別のニューロンに信号を伝える（図 4.13(a)）．ここでは，ニューロンモデルとしてリーク付き積分発火 (leaky integrate-and-

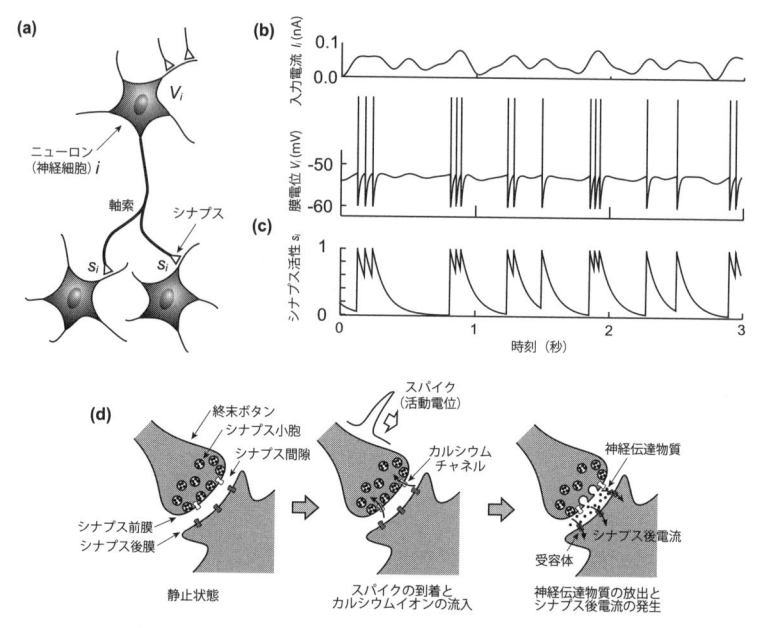

図 **4.13** シナプスを介したニューロン間の信号伝達.

fire) モデル（LIF モデル）を用いる [19]．LIF モデルは，非常にシンプルであるが，入力電流を積分してしきい値を超えたときに発火し，活動電位を発生するというニューロンの基本的な性質をうまく捉えている．以下では，このニューロンモデルを多数結合させたニューラルネットワークを考える．i 番目のニューロンの動的振る舞いは，膜電位を表す変数 $V_i(t)$ を用いて，次式のように表される．

$$C\frac{dV_i}{dt} = g(V_R - V_i) + I_i(t). \tag{4.15}$$

ただし，膜電位 $V_i(t)$ は，閾値 V_{th} に達すると活動電位を生成し，電位 V_0 にリセットされる（図 4.13(b)）．また，C は神経膜の静電容量，g は膜コンダクタンス，V_R は静止電位，$I_i(t)$ は入力電流，t は時刻を表す．

ニューロンが発火すると，活動電位が軸索上を伝播し，軸索の先端にあるシナプスが活性化され（図 4.13(c)），結合先の（シナプス後）ニューロンの神経膜上にシナプス電流が生じる．図 4.13(d) に示すように，このシナプス

伝達は化学物質の拡散を介して行われる．軸索の先端の終末ボタンには，シナプス小胞とよばれる神経伝達物質を内包した小さな袋上の構造物が多数存在する．活動電位が伝播してくると，まず電位依存性のカルシウムチャネルが開き，カルシウムイオンが終末ボタンに流入する．カルシウムイオンを介した化学反応を経て，シナプス小胞がシナプス前膜と融合し，神経伝達物質がシナプス間隙に放出され拡散する．次に，神経伝達物質がシナプス後膜上の受容体と結合し，シナプス後ニューロンにイオンが流入することでシナプス後電流が生じる．その後，放出した分を補うようにシナプス小胞が補充され，カルシウムイオンが細胞膜外にくみ出されることで，元の状態を回復する．

　連続して活動電位が発生したときには，終末ボタン内のカルシウムイオン濃度や放出可能なシナプス小胞の数が変化し，シナプス伝達効率が短期的に変化することがある．このような短期的シナプス可塑性 (short-term synaptic plasticity) をもつシナプスを，動的シナプス (dynamic synapse) とよぶ．また本節では，動的シナプスに対して，伝達効率が一定であるシナプスを静的シナプスとよぶことにする．

　まず静的シナプスの振る舞いを，シナプス活性（シナプス後膜上の開いたイオンチャネルの割合に相当する量）を表す変数を使ってモデル化する．ここでは，シナプス活性が活動電位の発生と同時に高まり，時定数 τ_s で指数的に減衰するモデルを用いる [15, 20]．1 つのニューロンは複数のシナプスを活性化させるが，それらのシナプスの特性が等しいと仮定すれば，その動力学特性は 1 つの変数で表すことができる（図 4.13(a)）．i 番目のニューロンによって活性化される静的シナプスのシナプス活性を s_i とすると，シナプス活性は以下の式にしたがって変化する：

$$\frac{ds_i}{dt} = -\frac{s_i}{\tau_s} + (1-s_i)\sum_k \delta(t-t_i^{(k)}). \tag{4.16}$$

ここで，$t_i^{(k)}$ は，i 番目のニューロンに生じた k 番目の活動電位の発生時刻を表し，活動電位の伝搬遅延は無視する．右辺第 2 項は，t で積分したときに，活動電位の発生時刻において，s_i に $1-s_i$ を加算する，すなわち，活動電位の発生と同時に s_i を 1 にリセットすることを意味する（図 4.13(c)）．シナプ

ス後膜上では，シナプス活性に比例してコンダクタンスが上昇し電流が生じる．また，シナプスの時定数 τ_s は，シナプスの種類に依存し，1–100 ms 程度の値をとる．

次に，動的シナプスのモデルを紹介する [22, 26]．i 番目のニューロンによって活性化される動的シナプスは，放出可能なシナプス小胞の割合を表す変数 x_i，および，1 つの活動電位によって放出されるシナプス小胞の割合を表しカルシウムイオンの濃度に対応する変数 u_i を用いて，以下のようにモデル化される．放出可能なシナプス小胞の割合 x_i は，シナプスの活性化と同時に減少する．その変化量は，変数 u_i に依存する．その後，活動電位が発生しなければ，定常状態 $x_i = 1$ に時定数 τ_x で回復する．u_i は活動電位の発生により上昇し，活動電位が発生しなければ定常状態 $u_i = U$ に時定数 τ_u で回復する．この動作を，以下の式で表す [22, 26]：

$$\frac{dx_i}{dt} = \frac{1-x_i}{\tau_x} - u_i x_i \sum_k \delta(t - t_i^{(k)}), \tag{4.17}$$

$$\frac{du_i}{dt} = \frac{U-u_i}{\tau_u} + U(1-u_i) \sum_k \delta(t - t_i^{(k)}). \tag{4.18}$$

動的シナプスのシナプス伝達効率（シナプス活性のピークの値）は，これらの変数の積で表され，シナプス活性 $s_i^{(D)}$ の変化は，以下のように定式化される．

$$\frac{ds_i^{(D)}}{dt} = -\frac{s_i^{(D)}}{\tau_s} + (x_i u_i - s_i^{(D)}) \sum_k \delta(t - t_i^{(k)}). \tag{4.19}$$

シナプス伝達効率が減少する減衰型シナプス (depression synapse)，伝達効率が上昇する促進型シナプス (facilitation synapse) が知られているが，その違いは，パラメータ τ_x, τ_u, U によって設定することができる．図 4.14 に，典型的な減衰型・促進型シナプスのパラメータ値（文献 [38] を参考）に設定したときの動的シナプスモデルの応答を示す．

j 番目のニューロンによって活性化されるシナプスが，i 番目のニューロンの神経膜上に誘起するコンダクタンスは，その間の結合重みを w_{ij} として

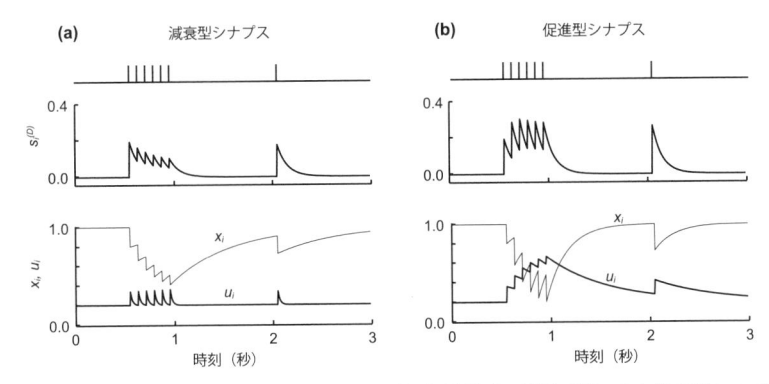

図 4.14 減衰型・促進型シナプスによるシナプス伝達効率の動的変化. (a) 減衰型シナプス：$\tau_x = 600\,\mathrm{ms}$, $\tau_u = 20\,\mathrm{ms}$, $U = 0.2$. (b) 促進型シナプス：$\tau_x = 200\,\mathrm{ms}$, $\tau_u = 600\,\mathrm{ms}$, $U = 0.2$.

$g_{ij}(t) = w_{ij}s_j(t)$ と表される．i 番目ニューロンに生じるシナプス電流は，以下のように表される．

$$I_i(t) = g_i(t)(E - V_i). \tag{4.20}$$

ここで，$g_i(t) = \sum_j g_{ij}(t)$，$E$ はシナプスの平衡電位を表す．式 (4.20) は，1 種類のシナプスによって生じる電流を表すが，一般的には，減衰型・促進型の興奮性シナプス，抑制性シナプスなどの特性の異なるシナプスに関して対応する項を追加することになる．さらに，神経活動のゆらぎや乱雑さの性質を取り入れるために，確率的に変化するノイズ電流に対応する項を加えることもある．

4.4.2 ニューロン集団の数理モデル

ここまで，ニューラルネットワークを構成する個別のニューロンに着目して数理モデルを説明したが，これらのニューロンは集団レベルではどのように振る舞うだろうか？ このニューラルネットワークモデルは多くの変数を含み，また個々のニューロンは確率的な挙動をも示しうるため，そのままでは解析が困難である．そこで各変数の平均的な振る舞いに着目する平均場モデルの手法を用いて，ニューラルネットワークを解析する．

まずニューロンの発火率の集団平均を考える．ニューロンの入力に相当するシナプスコンダクタンスを定常的と仮定すると，発火率の集団平均 r は，入力コンダクタンス g の関数とみなせる．たとえば，次式に示すナカ–ラシュトン関数を使ってパラメータをうまく設定すれば，ニューロンの発火率–入力コンダクタンスの特性を表す関数が得られる（図 4.15(a)）．

$$\bar{r}(g) = \begin{cases} r_0(g - g_{th})^M / (\Theta^M + (g - g_{th})^M), & g \geq g_{th}, \\ 0, & g < g_{th}. \end{cases} \quad (4.21)$$

ここで，g_{th} は発火のしきい値であり，r_0, Θ, M は発火の特性を決めるパラメータである．この関数を用いて，入力コンダクタンスの時間変動 $g(t)$ に対して，発火率の変動を $r(t) = \bar{r}(g(t))$ のように表す．

次に，シナプス活性の集団平均を考える．ニューロン集団の発火タイミングが無相関であるとすると，ニューロン集団の発火によって生じるシナプス活性の集団平均は，平滑化され連続的に変化する変数と近似的にみなすことができる．静的シナプスの場合を考えると，発火率 r のときのシナプス活性の時間平均は，$\bar{s}_{\tau_s}(r) = \tau_s r(1 - \exp(-1/(\tau_s r)))$ と表される（図 4.15(b)）．シナプス活性の集団平均が，シナプスの時定数 τ_s でこの値に収束するならば，対応する平均場モデルは，変数 s を用いて次式のように表される．

$$\frac{ds}{dt} = \frac{\bar{s}_{\tau_s}(r(t)) - s}{\tau_s}. \quad (4.22)$$

図 4.15(c) は，50 個の LIF モデルのシミュレーション結果で，グラフ上の点は，各ニューロンで活動電位の生成された時刻を表す．図 4.15(d) に示すように，平均場モデルは，個別ニューロンモデルからなるニューラルネットワークの平均的な挙動と近似的に一致する．

動的シナプスのモデルも，平均場モデルで記述することができる [35]．変数 x_i, u_i に対応する平均場モデルは，変数 x, u を用いて以下のように表される．

$$\frac{dx}{dt} = \frac{1 - x}{\tau_x} - uxr(t), \quad (4.23)$$

$$\frac{du}{dt} = \frac{U - u}{\tau_u} + U(1 - u)r(t). \quad (4.24)$$

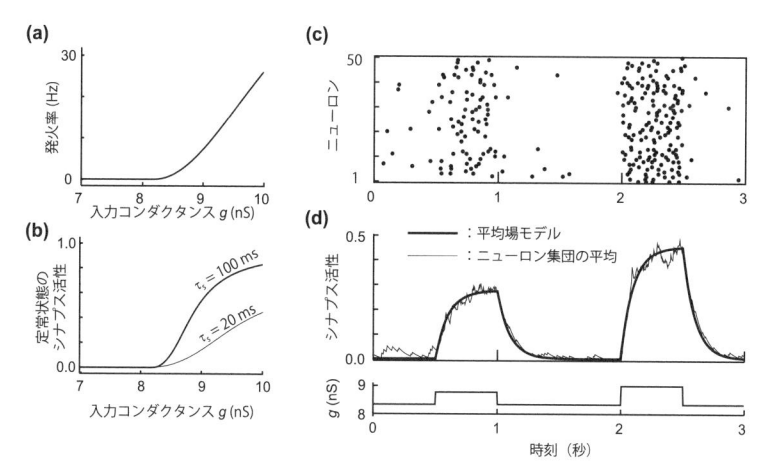

図 4.15 LIF モデルによるニューロン集団のシミュレーションと対応する平均場モデル．

さらに，$s_i^{(D)}$ に対応する平均場モデルは，次式のように表される．

$$\frac{ds^{(D)}}{dt} = \frac{\bar{s}_{\tau_s}(r(t))xu - s^{(D)}}{\tau_s}. \tag{4.25}$$

4.4.3 ニューラルネットワークの動力学と前頭前野の情報表現

次に，ニューラルネットワークの動力学的特性が，どのように脳の情報処理，とくに前頭前野における情報表現にかかわるかを解説する．前頭前野は，大脳皮質の前頭葉を広く占有する連合野で，サルなどの霊長類動物やヒトでよく発達している．その役割は多面的であるが，行動の計画や実行といった，行動の統合的な制御という働きにおいて中心的な役割を果たし [17, 34]，行動に必要な情報を短期的に保持・更新するワーキングメモリー機能にも関与する．

相互に興奮性シナプスで結合したニューロン集団は，ワーキングメモリーの機能をもつ．ニューロン集団は，ニューロンが互いに興奮性の信号を送り合うことで保持される活動状態と，静止状態の 2 状態によって情報を短期的に保持することができる．静的シナプスを介して重み W で相互に結合し，定常入力 g_0 と摂動入力 $g_P(t)$ を受けるニューラルネットワークの平均場モデ

ルは,

$$\frac{ds}{dt} = \frac{\bar{s}_{\tau_s}(\bar{r}(Ws + g_0 + g_P(t))) - s}{\tau_s} \quad (4.26)$$

と表すことができる.このモデルの動力学構造を解析すると,活動状態と静止状態に対応するアトラクタが共存する双安定の領域が存在することがわかる(図 4.16(a)).この領域では,図 4.16(b) のように,摂動入力により活動状態と静止状態を切り換えることができる.この切り換えは,記憶の状態を更新することに相当する.さらに,こうした解析から,ワーキングメモリーには,相互結合の重みに加えシナプスの時定数 τ_s も重要であることがわかる.たとえば,τ_s が 100 ms 程度と長い NMDA 受容体を含むシナプスの重要性が指摘されている [37].実際の脳には,このような興奮性の相互結合をもつネットワークが多数存在し,複雑な情報処理に寄与していると考えられる.

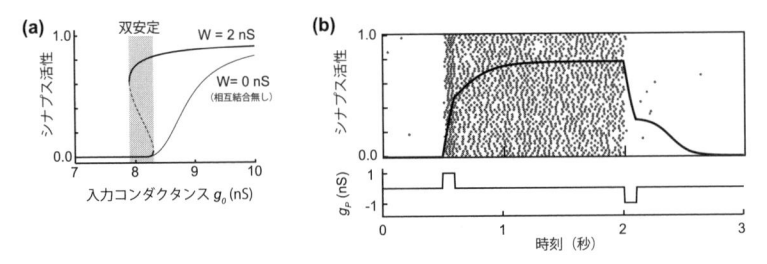

図 4.16 相互興奮結合型のニューラルネットワークの動力学構造とワーキングメモリー. (a) シナプス活性に関する動力学構造.実線・破線はそれぞれ安定・不安定平衡点を表す. (b) 点がニューロン集団のシミュレーションによる活動電位の発生タイミング,実線が対応する平均場モデルの応答.

動的シナプスによるシナプス伝達効率の変化も,相互興奮ネットワークの安定性に影響を与える.前頭前野に多く分布することが知られる促進型シナプスが,ワーキングメモリーの働きを強めることを示唆するモデルが提案されている [26].一方,減衰型シナプスは,活動状態を不安定化させる方向に働くことが,さまざまな解析により示唆されている [13, 29].ここでは,図 4.17 のような,興奮性の減衰型シナプスの結合をもつ 2 つのニューロン集団が,抑制性ニューロンを介して互いに抑制しあう競合的なニューラルネットワークの振る舞いを考えてみよう.また,ネットワークの安定性を,模式的にポテンシャル図で表現する(図 4.17 の下段).横軸がニューラルネットワークの状

態，くぼみの底が安定なアトラクタを表し，ニューラルネットワークの状態はポテンシャルが小さくなる方向に変化し，くぼみの底に収束すると仮定する．初期状態では，2つのニューロン集団それぞれの活動状態が異なるアトラクタとして存在しており，一方のニューロン集団が，集団内で興奮性の信号を送りながら，活動状態を一時的に保つことができる（図 4.17(a)）．しかし，その集団内のシナプス伝達効率が減衰すると，活動状態が不安定化する（図 4.17(b)）．その結果，最終的にはこの集団は活動状態を維持することができず，もう一方のニューロン集団が活動する状態に遷移する（図 4.17(c)）．このような，外部からの摂動入力によらない，自発的な活動パターンの切り替えは，ニューロンの不応性により状態遷移を起こすカオスニューロンの機構にも類似しており，さまざまな情報処理に関与する可能性がある [3, 6]．

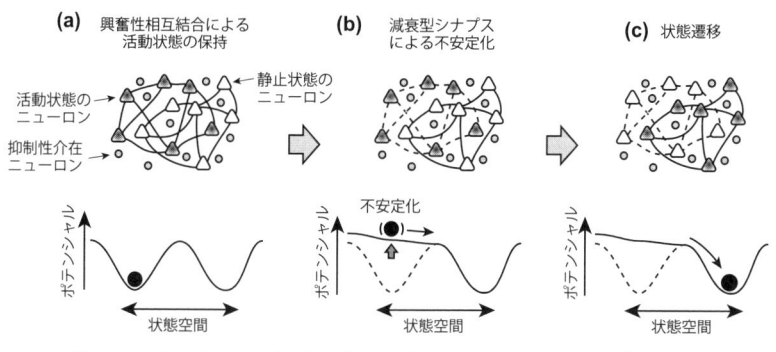

図 4.17 減衰型シナプスを含むネットワークにおける活動状態の遷移．

膜電位やシナプス活性の変化の時間スケールは，シナプス伝達効率の変化と比べると速く，いわば速い変数とみなせる．一方，シナプス伝達効率は遅い変数，あるいは速い変数の動力学構造を変化させる分岐パラメータとみなすこともできる．シナプス伝達効率の変化は，実効的なネットワーク構造，動力学構造を変化させる要因となり，ニューラルネットワークの情報表現における役割をも変化させると解釈できる．

動的シナプスによる，ネットワーク構造・動力学構造の変化という新しい概念には，さまざまな拡張の可能性がある．筆者らは，前頭前野の柔軟な情報表現・処理の機構の一部が，この概念で説明できることを提案している [15]．

前頭前野のニューロンは，与えられた作業課題の文脈に応じて，情報表現における役割を動的に変化させる．ゴール指向行動計画課題（画面上に映し出された迷路のなかのカーソルを，レバーを使って操作し，提示されたゴールまで移動させる作業課題）を行っているサルの前頭前野からの神経活動の記録実験によれば，前頭前野ニューロンはゴール位置やカーソルの動作方向を表現する，すなわち特定のゴール位置が提示されたとき，あるいは特定方向の動作を行うときにその活動が高まる．さらに一部のニューロンは，ゴール位置の提示直後にはゴール位置を表現するが，動作に移る直前には，情報表現のモードを切り替え，動作方向を表現する [32, 33]．図 4.18(a) に示すようなネットワーク構造の変化により，情報表現モードを切り替えるニューラルネットワークモデルは，実験で得られた神経活動をよく再現する [15]．さらに，動的シナプスによるシナプス伝達効率の変化に伴う動力学構造の変化を解析すると，状態空間上のアトラクタの分布の変化が情報表現の切り替えに対応することがわかる（図 4.18(b)）[15]．

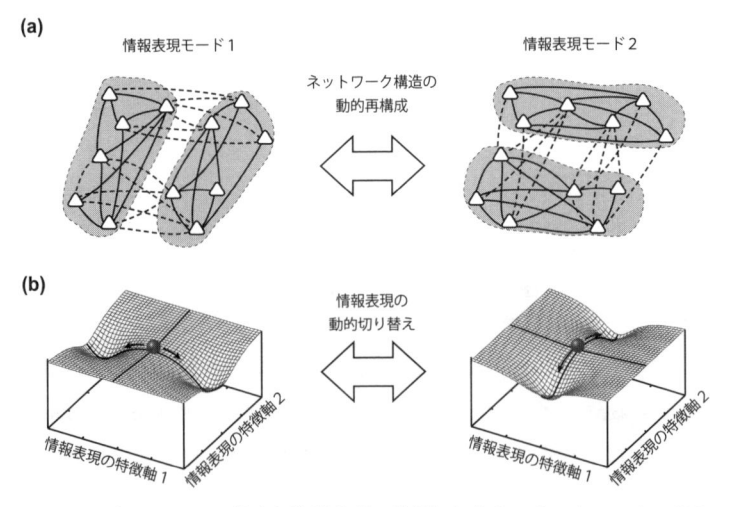

図 **4.18** ネットワーク構造と情報表現の動的切り替えのネットワークモデル．

4.5 脳の数理モデルのさらなる発展に向けて

前節ではシナプス伝達効率が動的に変化する要因として，減衰型・促進型シナプスを考えたが，種々の神経修飾物質やスパイクタイミングに依存した可塑性など，他にも多くのシナプス伝達効率を変化させる要因がある．このような要因を考慮したモデルにより，さらに研究が発展すると期待される．また，ニューラルネットワークの数理モデル研究は，生理学・医学的な観点からの脳の理解をとおして，関連する疾患の理解・治療などへの臨床的な応用の可能性もある．さらに，脳の高度で柔軟な情報処理機構としての側面は，新しい脳型コンピュータなどへの工学的な応用の可能性を秘めている．今後，こうした可能性を目指して，さらにニューラルネットワークの数理モデル研究が発展するものと思われる．

本章では，脳の数理モデリングの観点から，生物行動およびその機能を担うニューロンやニューラルネットワークの数理モデルを紹介した．この分野は，神経科学，脳科学，神経行動学などと協同しながら，今後ますます重要な役割を果たすに違いない．

参考文献

[1] 合原一究「アマガエルの合唱に潜む非線形ダイナミクス」，『科学』78 巻 11 号, 1267–1270, 岩波書店 (2008).
[2] I. Aihara, R. Takeda et al., Complex and transitive synchronization in a frustrated system of calling frogs, Phys. Rev. E, **83** (2011), 031913.
[3] 合原一幸編『カオス——カオス理論の基礎と応用』サイエンス社 (1990).
[4] 合原一幸・神崎亮平編『理工学系からの脳科学入門』東京大学出版会 (2008).
[5] J. D. Altringham, 松村澄子監修, コウモリの会翻訳グループ翻訳『コウモリ——進化・生態・行動』八坂書房 (1998).
[6] 甘利俊一編著『ニューラルネットの新展開——研究の最前線を探る』サイエンス社 (1993).
[7] R. FitzHugh, Impulses and physiological state in theoretical models of nerve membrane, Biophy. J., **1** (1961), 445–467.

[8] H. C. Gerhardt and F. Huber, *Acoustic Communication in Insects and Anurans*, University of Chicago Press, Chicago (2002).

[9] J. L. Hindmarsh and R. M. Rose, A model of the nerve impulse using two first-order differential equations, *Nature*, **296** (1982), 162–164.

[10] A. L. Hodgkin, The local electric changes associated with repetitive action in a non-medullated axon, *J. Physiol.*, **107** (1948), 165–181.

[11] A. L. Hodgkin and A. F. Huxley, A quantitative description of membrane current and its application to conduction and excitation in nerve, *The Journal of Physiology*, **117**(4) (1952), 500–544.

[12] A. Hyvarinen, E. Oja et al., 根本幾・川勝真喜訳『詳解 独立成分分析――信号解析の新しい世界』東京電機大学出版局 (2005).

[13] Y. Igarashi *et al.*, Mean field analysis of stochastic neural network models with synaptic depression, *Journal of the Physical Society of Japan*, **79** (2010), 084001.

[14] E. M. Izhikevich, *Dynamical Systems in Neuroscience: The Geometry of Excitability and Bursting*, The MIT Press (2007).

[15] Y. Katori *et al.*, Representational switching by dynamical reorganization of attractor structure in a network model of the prefrontal cortex, *PLoS Computational Biology*, **7**(11) (2011), e1002266.

[16] H. Kitahata, J. Taguchi *et al.*, Oscillation and synchronization in the combustion of candles, *J. Phys. Chem. A*, **113** (2009), 8164–8168.

[17] 久保田競編著，虫明元・宮井一郎『学習と脳――器用さを獲得する脳』サイエンス社 (2007).

[18] 蔵本由紀・河村洋史『同期現象の数理』培風館 (2010).

[19] L. Lapicque, Recherches quantitatives sur l'excitation électrique des nerfs traitée comme une polrisation, *J. Physiol. Pathol.*, **9** (1907), 620–635 .

[20] C. K. Machens *et al.*, Flexible control of mutual inhibition: A neural model of two-interval discrimination, *Science*, **307** (2005), 1121–1124.

[21] 前田憲男・松井正文『改訂版 日本カエル図鑑』文一総合出版 (1999).

[22] H. Markram *et al.*, Differential signaling via the same axon of neocortical pyramidal neurons, *Proc. Natl. Acad. Sci. USA*, **95**(9) (1998), 5323–5328.

[23] 松井正文『両生類の進化』東京大学出版会 (1996).

[24] 松本元『神経興奮の現象と実体（上.)』丸善 (1981).

[25] T. Mizumoto, I. Aihara *et al.*, Sound imaging of nocturnal animal calls in their natural habitat, *Journal of Comparative Physiology A*, **197**(9) (2011), 915–921.

[26] G. Mongillo *et al.*, Synaptic theory of working memory, *Science*, **319**(5869) (2008), 1543–1546.

[27] J. Nagumo *et al.*, An active pulse transmission line simulating nerve axon, *In Pro. of IRE*, **50** (1962), 2061–2070.

[28] 岡ノ谷一夫『小鳥の歌からヒトの言葉へ』岩波科学ライブラリー (2003).

[29] Y. Otsubo *et al.*, Instabilities in associative memory model with synaptic depression and switching phenomena among attractors, *Journal of the Physical Society of Japan*, **79** (2010), 084002.

[30] A. Pikovsky *et al.*, 徳田功訳『同期理論の基礎と応用』丸善 (2009).

[31] R. M. Rose and J. L. Hindmarsh, The assembly of ionic currents in a thalamic neuron I. The three-dimensional model, *Proc. R. Soc. Lond. B*, **237** (1989), 267–288.

[32] N. Saito *et al.*, Representation of immediate and final behavioral goals in the monkey prefrontal cortex during an instructed delay period, *Cereb Cortex*, **15**(10) (2005), 1535–1546.

[33] K. Sakamoto *et al.*, Discharge synchrony during the transition of behavioral goal representations encoded by discharge rates of prefrontal neurons, *Cereb Cortex*, **18**(9) (2008), 2036–2045.

[34] 丹治順『脳と運動——アクションを実行させる脳 第2版』共立出版 (2009).

[35] M. Tsodyks *et al.*, Neural networks with dynamic synapses, *Neural Computation*, **10**(4) (1998), 821–835.

[36] S. Tsuji *et al.*, Bifurcations in two-dimensional Hindmarsh-Rose type model, *Int. J. Bifurcation and Chaos*, **17**(3) (2007), 985–998.

[37] X. J. Wang, Synaptic basis of cortical persistent activity: the importance of NMDA receptors to working memory, *J. Neurosci.*, **19**(21) (1999), 9587–9603.

[38] Y. Wang *et al.*, Heterogeneity in the pyramidal network of the medial prefrontal cortex, *Nature Neuroscience*, **9** (2006), 534–542.

[39] S. Yoshida and K. Okanoya, Evolution of turn-taking: A bio-cognitive perspective, *Cognitive Studies*, **12** (2005) 153–165.

第5章

伝播の現象数理

インフルエンザ・パンデミック

斎藤正也・樋口知之

5.1 感染症対策とシミュレーション

インフルエンザ・ウィルスは突然変異や遺伝子再集合によって短期間に進化し得るので，免疫の効果は永続的でない．進化によっては，ほとんどの人間が免疫をもたない新型のウィルスが発生し，感染の世界的な流行（パンデミック）が発生する．ブタインフルエンザ・ウィルス A(H1N1) による 2009 年新型インフルエンザ・パンデミックが記憶に新しい．幸い，このウィルスは弱毒性であったために，症状は季節性インフルエンザと同程度であり，流行の広がりに比して，社会的インパクトは限定的であった．しかし，1990 年代末期に致死率のきわめて高い新型鳥インフルエンザへの人の感染例が報告されている．現時点では，人から人への安定した感染伝達は確立していないと考えられているが，遺伝子の変化によりこれを獲得した場合には，1918 年に起こったスペインかぜのような脅威をもたらすものとして警戒されている．

このような新型インフルエンザに対して，効果的な介入政策を立案するには感染の広がりを予測することが重要になってくる．計算機によるシミュレーションはそのための有効な手法の1つである．感染症のシミュレーションには，患者数といったマクロ量に関する常微分方程式による方法と個人の行動を直接的に記述するマルチエージェント・シミュレーションによる方法とが

ある．前者の方法は，都道府県別の新規患者数などの統計データとの対応がつけやすい反面，特定の集団に対するワクチン接種，自宅待機命令などの局所的な効果をモデルに取り込みにくいという弱点がある．マルチエージェント・シミュレーションの場合は，このような介入を自然に取り込めるが，統計データと比較するには適切な方法でシミュレーションの内部状態を縮約する必要がある．また，一般に多数のモデルパラメータを含むため，モデルを設定する際に利用可能なデータからモデルパラメータ空間に十分な制約を加えられないという問題がある．これは，候補となる介入政策を評価する際に，大規模並列計算を行い，すべての可能性を枚挙するか，恣意的に固定したパラメータのもとで判断をするかの選択を迫られることを意味する．

本章では，2009年新型インフルエンザの日本での初期の動向を例にとり，感染伝達における都市間の人の移動の重要性を分析する．発見から約2カ月間の感染者数を概観すると感染者は関西と関東に集中していて，とくに関西では2回の感染の波が見い出される．直観的には関東からの流入による再拡大が考えられるが，データにもとづいてこのことを示せるかどうかをみようというのである．分析にはマクロ・シミュレーションモデルを採用する．都市圏レベルの相互作用の有効性に興味があるので，住民の行動を直接記述するのはモデルが詳細に過ぎると考えて，マルチエージェント・シミュレーションモデルを採用しなかった．しかし，常微分方程式を採用した場合に暗に仮定される，一様に行動する住民というモデルでは再拡大などの複雑な挙動を示す実際のデータを説明できないのは明らかであるため，マクロ量についてのシミュレーションを行いながらも，その時間発展に確率過程を導入することで対処する．

5.2 感染症伝播モデル

5.2.1 SEIR モデルの離散時間・確率過程版

感染症の伝播を記述するもっとも素朴なモデルは，1929 年にケルマックとマッケンドリックによって提案された SEIR モデルであろう [5]．このモデルでは対象とする集団の人口 N を感受性人口 S (Suspectible)，未発症感染者人口 E (Exposed)，発症感染者人口 I，除外人口 R の 4 つに分割し，これらの人口の変化を常微分方程式で記述する．したがって $N = S + E + I + R$ がつねに成り立つ．モデルの表式は，$\dot{} \equiv d/dt$ とすると，

$$\dot{S} = -\beta \left(\frac{I}{N} \right) S, \tag{5.1}$$

$$\dot{E} = \beta \left(\frac{I}{N} \right) S - \alpha E, \tag{5.2}$$

$$\dot{I} = \alpha E - \gamma I, \tag{5.3}$$

$$\dot{R} = \gamma I \tag{5.4}$$

で与えられる．式 (5.1) と式 (5.2) 右辺第 1 項は，感受性者が感染力保持者と接触した結果，新たな感染者が生じ，そのぶん感受性者が減少することを表している．同様に，式 (5.2) 右辺第 2 項と式 (5.3) 右辺第 1 項は期間 α^{-1} を経て発症すること，式 (5.3) 第 2 項および式 (5.4) は期間 γ^{-1} を経て回復することを表している．ただし，簡単のために発症と他者への伝染力の獲得とを同一視している．パラメータ β は対象領域内での感染伝達の起こりやすさを表すが，かわりに $\mathcal{R}_0 = \beta/\gamma$ がしばしば用いられる．このパラメータは基礎再生産定数とよばれ，初期段階（$S \approx N \gg E, I$ が成り立つとき）において，1 人の発症者に起因する新たな感染者数を意味する．感染者 1 人の平均感染力保持期間は γ^{-1} であり，式 (5.1) より期間 Δt に $\beta \times (1/N) S \Delta t$ 人の新たな未発症感染者が生み出されることからこの意味はしれよう．このモデルでは S から R に人数が一方的に移動するため，感染者総数 $I + E$ は単調に減少するか（$\mathcal{R}_0 < 1$ の場合），1 回のピークをつくるか（$\mathcal{R}_0 > 1$ の場合）

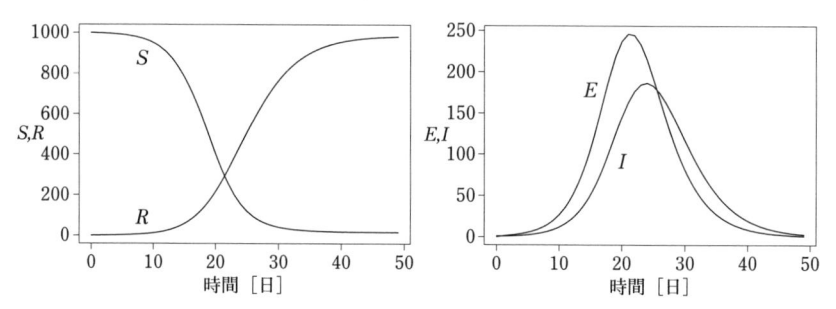

図 5.1 SEIR モデルの解の例．左図に S と R の推移を，右図に E と I の推移を示す．パラメータと初期値の設定は $\alpha^{-1} = 3.5[$日$]$, $\gamma^{-1} = 3[$日$]$, $\beta = 1.4$, $S(0) = 1000$, $E(0) = 0$, $I(0) = 1$, $R(0) = 0$ である．

のどちらかである．実際，式 (5.2) と式 (5.3) を足し合わせると

$$\frac{d}{dt}(I+E) = \gamma \left[\mathcal{R}_0 \left(\frac{S}{N} \right) - 1 \right] I$$

となり，$\dot{S} < 0$ なので $S = N/\mathcal{R}_0$ に達した後，$I + E$ は単調に減少する．図 5.1 に解の例を示す．この設定では，感受性人口が $N/\mathcal{R}_0 \approx 240$ 人を下回る 23 日目に感染者総数の変化が減少に転ずる．潜伏期間のために，I は E より遅れてピークを迎えている．このように元来の SEIR モデルでは複数の感染の波を表現できない．

現実には感染者との接触によって感染する人数は決定論的ではない．とくに，感染者数が少数であるときには，感染伝達の成否の偶然性がより顕著に現れるため，確率過程で記述した方がより現実的になる．確率モデルの導入に先立ち，その記述に必要ないくつかの概念と記法を導入しておこう．

離散値をとる確率変数 x の実現値 $x = x^{(0)}$ が確率 $p(x^{(0)})$ で発生するとき，x は分布 $p(x)$ に従うといい，$x \sim p(\cdot)$ と書く．同じ記法を x が連続変数の場合にも用いるが，この場合は x の実現値が区間 $x^{(0)} \leq x \leq x^{(0)} + \delta x$ に入る確率が，$\delta x \to 0$ のとき $p(x^{(0)})\delta x$ で与えられることを意味する．確率の定義により x の定義域を X とすると，$\sum_{x \in X} p(x) = 1$ または $\int_X p(x)dx = 1$ がなりたつ．

2 つの確率変数 x と z があったとき，組 (x, z) が従う分布 $p(x, y)$ のことを x と z の同時分布とよぶ．3 つ以上の確率変数の場合でも同様である．し

ばしば，確率変数の値の一方（たとえば z）を1つの値に固定したときの他方（たとえば x）の確率に興味がある場合がある．たとえば，すでに確定した現在の状態から，将来のそれぞれの可能な状態の実現確率を知りたい場合などである．この確率は z が与えられたもとでの x の条件付き確率とよばれ，$p(x|z) \equiv p(x,z)/p(z)$ で定義される．この定義により，ただちに

$$p(x,z) = p(x|z)p(z) \tag{5.5}$$

のように同時分布が2つの確率分布の積で書ける．$p(z^{(0)})$ は x の値によらず $z = z^{(0)}$ となる確率であるから，

$$p(z) = \sum_{x \in X} p(x,z) \tag{5.6}$$

のように同時分布により定義できる．この操作を周辺化とよぶ．この定義を用いると，$\sum_{x \in X} p(x|z) = 1$ であることが示せ，$p(x|z)$ が x の確率分布になっていることがわかる．式 (5.5) と (5.6) は確率分布に対する基本的な操作であって，5.4.1項で尤度の計算式を導くのに使う．

これまで断らなかったが，確率分布はつねに "p" で表し，引数に使われる文字で異なる分布を区別するのが慣習になっている．ただし，名前が付いた分布はそれぞれ慣習に従った記号を用い，たとえば平均 μ，分散 σ^2 の正規分布は $N(x|\mu, \sigma^2)$ と書く．ただし，この場合 N は正規 (Normal) を表す．

さて，意味を変えずに式 (5.1)–(5.4) を確率モデルにすることを考えよう．ここでは SEIR モデルの離散時間モデルを導入する．まず，適当な時間刻み Δt をもってきて，次のように差分化する．

$$S_n = S_{n-1} - \Delta[S \to E]_n, \tag{5.7}$$

$$E_n = E_{n-1} + \Delta[S \to E]_n - \Delta[E \to I]_n, \tag{5.8}$$

$$I_n = I_{n-1} + \Delta[E \to I]_n - \Delta[I \to R]_n, \tag{5.9}$$

$$R_n = R_{n-1} + \Delta[I \to R]_n. \tag{5.10}$$

ここで，時点 n は自然数で，時刻 t とは $t = n\Delta t$ で対応づけられる．また，時刻 $t - \Delta t$ から t の間に感受性者から未発症感染者に変化した者の人

数を $\Delta[S \to E]_n$ と書いている（他の変数間についても同様）．観測データとの比較のためには，時間刻み Δt は，その整数倍が観測時刻と一致するようにとらなければならない．今回扱うデータでは観測点の間隔は 1 日なので，$\Delta t = 1, 1/10, 1/100$ [日] などとすれば，それぞれ n が $1, 10, 100$ の倍数のときに観測とシミュレーションとの比較ができる．次に，人数の変化 $\Delta[S \to E]_n$ が従うべき確率過程を考える．S 人の感受性者が Δt の間に確率 p（先ほど定義した確率分布を表す p とは異なる）で未発症感染者になると考えると，$\Delta[S \to E]_n$ は平均 pS の二項分布に従う．二項分布は，注目する事象が確率 p で実現する試行を n 回（時刻を表す n ではない）くり返したとき，実現回数が k である確率 $B(k|n, p) = {}_nC_k p^k (1-p)^{n-k}$ を与える．平均 pS は，常微分方程式での対応物と一致しなければならないので，$\Delta[S \to E]_n \sim B(\cdot \,|\, n = S, p = \beta I \Delta t / N)$ となる．

しかし，次項で議論するように二項分布に従う乱数を効率よく発生させるのは難しいので，$\lambda = np = \beta S I \Delta t / N$ とおいて，ポアソン分布 $\text{Poisson}(k|\lambda) = e^{-\lambda} \lambda^k / k!$ で代用する．すなわち，SEIR モデルを離散時間確率過程に置き換えたものとして，式 (5.7)–(5.10) と確率過程

$$\Delta[S \to E]_n \sim \text{Poisson}(\cdot\,|\,\beta S_{n-1} I_{n-1} \Delta t / N), \qquad (5.11)$$

$$\Delta[E \to I]_n \sim \text{Poisson}(\cdot\,|\,\alpha E_{n-1} \Delta t), \qquad (5.12)$$

$$\Delta[I \to R]_n \sim \text{Poisson}(\cdot\,|\,\gamma I_{n-1} \Delta t) \qquad (5.13)$$

の組を選択することにする．

ポアソン分布での代用は，平均 $np \equiv \lambda$ を固定して，$n \to \infty$ とすると

$$\begin{aligned}
B(k|n, p) &= \frac{n!}{k!(n-k)!} p^k (1-p)^{n-k} \\
&= \left[\frac{1}{k!} \prod_{i=k-1}^{0} (n-i)\right] \left(\frac{\lambda}{n}\right)^k \left(1 - \frac{\lambda}{n}\right)^n \left(1 - \frac{\lambda}{n}\right)^{-k} \\
&= \frac{1}{k!} \left[\prod_{i=k-1}^{0} \left(1 - \frac{i}{n}\right)\right] \lambda^k \left[\left(1 - \frac{1}{n/\lambda}\right)^{n/\lambda}\right]^{\lambda} \left(1 - \frac{\lambda}{n}\right)^{-k}
\end{aligned}$$

$$\to \frac{1}{k!} \cdot 1 \cdot \lambda^k \cdot e^{-\lambda} \cdot 1 = \text{Poisson}(\cdot|\lambda)$$

のように二項分布 $B(k|n,p)$ がポアソン分布に一致することによっている．$\Delta[S \to E]_n$ についてはこの極限のとり方が現実に近いので，ポアソン分布による代用は正当化できる．たとえば，$N = S = 10^6$[人]，$\beta = 1$[日$^{-1}$]，$I = 10$[人]，$\Delta t = 1$[日] という設定では，$n = 10^6$，$p = 10^{-5}$．他方，$\Delta[E \to I]_n$ や $\Delta[I \to R]_n$ は平均を同じくするサンプリングしやすい分布で代用する以上のことはいえない．同じように具体例で考えると，$I = 10$，$\alpha^{-1} = 3$，$\Delta t = 1$ という設定では，$n = 10$，$p = 1/3$ となり極限の状況とはほど遠い．このような状況でも，分布の形状が似ているので多くの場合では類似した人数変化が得られるが，ごくまれに平均値を大幅に超える値が出現する（上述の設定では，約 $1/1000$ の確率で n より大きい値が現れる）．

5.2.2 乱数の生成方法

この項では前項で導入した確率モデルを計算機上で実行するのに必要な乱数発生法を述べる．アルゴリズム導出には立ち入らないので，[10] などを参照すること．

二項分布に従う乱数を発生させるもっとも素朴な方法は，実際に計算機上で確率 p で実現する事象を発生させることである．手続きを疑似コードで示すと以下のようになる．

$$\begin{aligned}
&B_1(n,p) \quad = \\
&\quad k \leftarrow 0 \\
&\quad \textbf{repeat } k \in [1,2,\cdots,n] \\
&\quad | \quad u \sim U(\cdot|0,1) \\
&\quad | \quad \textbf{if } u < p \textbf{ then } k \leftarrow k+1 \\
&\quad \textbf{return } k
\end{aligned}$$

ここで，$u \sim U(\cdot|u_b, u_e)$ は一様乱数 $u \in [u_b, u_e)$ を生成することを表す．しかし，我々の状況ではこの手続きはきわめて効率が悪い．たとえば，感受性者から未発症感染者への変化を計算する場合，試行回数はほぼ都市人口に等しいと考えられるから，10^4–10^6 回もの一様乱数からのサンプリングが必要

となってしまう．そこで，試行回数が大きいときにも効率よくサンプリングするアルゴリズムとして，[4] による以下の手続きを検討してみよう．

$B_2(n, p)\ =$
$\quad s_{pq} \leftarrow \sqrt{np(1-p)}$
$\quad b \leftarrow 1.15 + 2.53 s_{pq}$
$\quad a \leftarrow -0.0873 + 0.0248 b + 0.01 p$
$\quad c \leftarrow np + 0.5$
$\quad v_r \leftarrow 0.92 - 4.2/b$
$\quad$**repeat**
$\quad\ |\quad u \sim U(\,\cdot\,|-0.5, 0.5)$
$\quad\ |\quad u_s \leftarrow 0.5 - |u|$
$\quad\ |\quad k \leftarrow \mathrm{floor}\,((2a/u_s + b)u + c)$
$\quad\ |\quad v \sim U(\,\cdot\,|0, 1)$
$\quad\ |\quad$ **if** $u_s \geq 0.07$ and $v \leq v_r$ **return** k
$\quad\ |\quad$ **if** $0 \leq k \leq n$ **then**
$\quad\ |\quad\ |\quad \alpha \leftarrow (2.83 + 5.1/b) s_{pq}$
$\quad\ |\quad\ |\quad l_{pq} \leftarrow \ln(p/(1-p))$
$\quad\ |\quad\ |\quad m \leftarrow \mathrm{floor}\,((n+1)p)$
$\quad\ |\quad\ |\quad h \leftarrow \ln(m!) + \ln((n-m)!)$
$\quad\ |\quad\ |\quad v \leftarrow v\alpha/(a/u_s^2 + b)$
$\quad\ |\quad\ |\quad$ **if** $v \leq h - \ln(k!) - \ln((n-k)!) + (k-m)l_{pq}$ **return** k

このアルゴリズムは採択棄却法 (acceptance-rejection method) を発展させたものになっている．分布関数 $q(x)$ に従う乱数を直接生成するのが困難なとき，提案分布とよばれる別の分布関数 $\tilde{q}(x)$ に従う乱数 $x = x^*$ をサンプリングし，確率 $q(x^*)/M\tilde{q}(x^*)$ で x^* を受理するというものである．ここで，M は任意の x に対して，$q(x)/M\tilde{q}(x) \leq 1$ を満たすようにとる．サンプリング効率は，提案分布の設計に依存し，手続き中のパラメータは，数値計算による最適化で求めたものである．しかし，あらゆる n と p の組み合わせに対して効率のよい提案分布を設計するのは困難であり，ここで示したアルゴリズムは，$np \geq 10, p \leq 0.5$ の下で利用されることを前提としている．実際，手続き B_2 を 1 回呼び出したときの内部での反復回数を測定すると，表 5.1 に示すように，np が小さいときには反復回数がきわめて大きいことがわかる．

次に，二項分布にかえて，ポアソン分布に従う乱数をサンプリングすることを考える．これは以下の手続きでできる．

表 5.1　B_2 による 1 サンプル取得に必要な平均反復回数 ($p = 10^{-3}$, サンプル数 50,000).

np	1.85	2	3	5	10	20
反復回数	225	35	6	3	2	1

$$\begin{aligned}
&\text{Poisson}(\lambda) = \\
&\quad s \leftarrow \exp \lambda \\
&\quad k \leftarrow 0 \\
&\quad \textbf{repeat} \\
&\quad |\quad u \sim U(\,\cdot\,|0,1) \\
&\quad |\quad s \leftarrow su \\
&\quad |\quad \textbf{if } s < 1 \textbf{ then return } k \\
&\quad |\quad k \leftarrow k + 1
\end{aligned}$$

手続きからわかるようにサンプリングに必要な反復回数は実現値と同じである．実現値が大きくなると，これでも効率が落ちるので λ が一定値（たとえば 20）を越えた場合は，正規分布による近似 $\text{Poisson}(\,\cdot\,|\lambda) \approx N(\,\cdot\,|\mu = \lambda, \sigma^2 = \lambda)$ を使う．正規乱数は，たとえば次のボックス–ミューラ法によりサンプリングできる．

$$\begin{aligned}
&N_{\text{BM}}(\mu, \sigma^2) = \\
&\quad u_1, u_2 \sim U(\,\cdot\,|0,1) \\
&\quad v_1 \leftarrow \sqrt{-2 \ln u_1}, \quad v_2 \leftarrow 2\pi u_2 \\
&\quad z_1 \leftarrow v_1 \cos v_2, \quad z_2 \leftarrow v_1 \sin v_2 \\
&\quad \textbf{return } (\sigma z_1 + \mu, \sigma z_2 + \mu)
\end{aligned}$$

ただし，この手続きは 1 度に 2 つの正規乱数を生成する．

5.3　実際の感染動向とモデルとの比較

5.3.1　2009 年新型インフルエンザの日本における動向調査

2009 年に発生した新型インフルエンザの日本上陸前後の動向を簡単に振り返っておこう．世界保健機関（WHO）がメキシコおよびアメリカで A(H1N1) の人から人への感染が確認されたことを発表したのは 4 月 24 日のことであ

る．これを受けて日本政府は 28 日に空港検疫による水際防衛を開始し，5 月 8 日に最初の日本人感染者が発見された．さらに，5 月 16 日には，高校生を含む 3 人の感染が兵庫県で発見された．これらの感染者は海外渡航歴をもたないことから，空港検疫開始以前に入国した感染者，もしくは検疫によってとらえられなかった感染者を 1 次感染者とする感染伝達がこの時点ですでに始まっていたと考えられる．その後も RT-PCR（逆転写酵素–ポリメラーゼ連鎖反応法．RNA を鋳型として合成した DNA を増幅することで，ウィルスを特徴付ける遺伝子の存在を確認する）による確定検査が継続され，5 月 21 日–7 月 25 日までの 66 日間にわたる日ごとの都道府県別・新規感染者数のデータが利用できる．検査が打ち切られたのは，持続的な感染伝達の状態に入ったと判断されたためで，この日以降の動向調査は全国 5000 カ所に設けられた調査協力機関による週ごとの定点観測にかぎられる．

　この約 2 カ月間の全数検査のデータを観察すると，関東と関西以外の地域ではほぼ感染者がみられず，関東と関西に限っても，県単位では計数が小さく感染者数の推移をとらえるにはばらつきが大きい．そこで，図 5.2 に示すように関東と関西とでそれぞれ集計し，感染者数を観察してみよう．関西では，5 月末にいったん感染の第一波が収束し，6 月 20 日ごろに第二波が発達し始めることがわかる．いっぽう，関東では第一波の開始が 6 月 10 日ごろとなっている．

　この関東と関西での感染の波のずれについてどんなシナリオが考えられるだろうか．1 つには，関西での第一波はなんらかの理由で再生産定数が 1 を下回ったために伝達経路が死滅して終息したが，それよりも前に人の移動によって関東で伝達経路が温存され，そこで増殖したウィルスが再び関西に持ち込まれたというシナリオが考えられる．別の可能性として，関西において 5 月末では完全に感染経路は死滅しておらず，くすぶり感染（新規感染者と回復者とがほぼつり合った状態で感染が伝達すること）が約 1 カ月続き，たとえば防衛意識の低下などで，再生産定数が 1 を越えたために再び感染者数が増大したという考え方もできる．また，5.2.1 項で解説したように，関西でみられる 2 回の感染の波は常微分方程式としての SEIR モデルでは再現できないことは注意すべき特徴である．

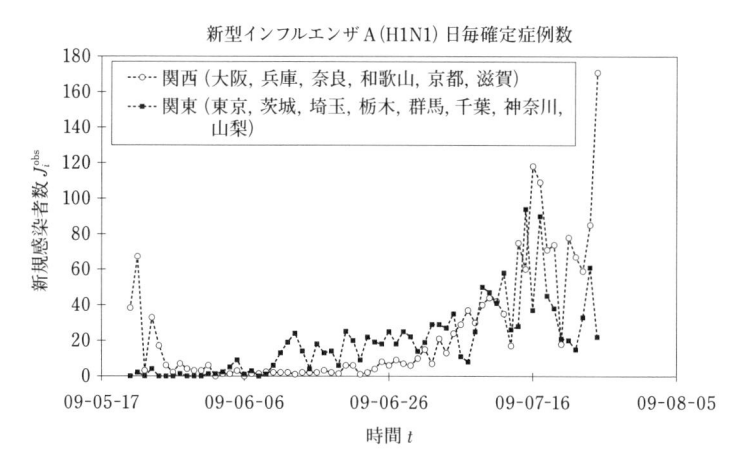

図 5.2 関西 ($i=1$) および関東 ($i=2$) における日毎新規感染者数 J_i^{obs}.

5.3.2 シナリオのモデルによる表現

2つの対立するシナリオのどちらがより確からしいかをデータにもとづき判断したい．方法の1つは，それぞれのシナリオをシミュレーション・モデルとして表現し，モデルから生成した感染者数時系列と実際のデータとを適当な尤度関数のもとで比較し，尤度（より正確にはモデルの自由度を補正した AIC（5.4.3項参照））の値がより大きい方（AIC の場合は小さい方）を確からしいとするものである．これは，モデル選択とよばれる．ただし，今回の問題では，パラメータを含む追加の項を導入することで両シナリオに対するモデルを統合的に記述できる一般化モデルをつくることができる．一方のシナリオでは，都市圏間での感染者の流入が必要と主張しており，他方ではそれが不要であると主張している．流入の程度を表すパラメータ ε を含む項で結ばれた2組の SEIR モデルとして，それぞれ $\varepsilon > 0, \varepsilon = 0$ の場合として表現できる．具体的には，常微分方程式では，

$$\dot{S}_i = -\beta_i \left(\frac{I_i}{N_i} \right) S_i, \tag{5.14}$$

$$\dot{E}_i = \beta_i \left(\frac{I_i}{N_i} \right) S_i - \alpha E_i - \varepsilon E_i + \varepsilon E_{i'}, \tag{5.15}$$

$$\dot{I}_i = \alpha E_i - \gamma I_i, \tag{5.16}$$

$$\dot{R}_i = \gamma I_i, \tag{5.17}$$

となる．ここで，$i = 1, 2$ はそれぞれ関西，関東を表し，$(i, i') \in \{(1,2), (2,1)\}$ の2通りである．潜伏期間 α^{-1} や発症期間 γ^{-1} は感染症をおこすウィルスによるものなので両都市で共通の値にする．一方，伝達効率 β は混雑の度合や介入政策に依存して集団ごとに異なると考えて，都市ごとのパラメータ β_i ($i = 1, 2$) を導入し，対応する再生産定数を $\mathcal{R}_{i,0} \equiv \beta_i/\gamma$ と定義する．この常微分方程式を，先に単独の SEIR モデルに対して行ったように，$t = n\Delta t$ とおいて離散化し，人口区分間の変化をポアソン過程に置き換えた

$$\Delta[S_i \to E_i]_n \sim \mathrm{Poisson}(\cdot \,|\, \beta_i S_{i,n-1} I_{i,n-1} \Delta t / N), \tag{5.18}$$

$$\Delta[E_i \to I_i]_n \sim \mathrm{Poisson}(\cdot \,|\, \alpha E_{i,n-1} \Delta t), \tag{5.19}$$

$$\Delta[I_i \to R_i]_n \sim \mathrm{Poisson}(\cdot \,|\, \gamma I_{i,n-1} \Delta t), \tag{5.20}$$

$$\Delta[E_i \to E_{i'}]_n \sim \mathrm{Poisson}(\cdot \,|\, \varepsilon E_{i,n-1} \Delta t), \tag{5.21}$$

$$S_{i,n} = S_{i,n-1} - \Delta[S_i \to E_i]_n, \tag{5.22}$$

$$E_{i,n} = E_{i,n-1} + \Delta[S_i \to E_i]_n - \Delta[E_i \to I_i]_n$$
$$\quad - \Delta[E_i \to E_{i'}]_n + \Delta[E_{i'} \to E_i]_n, \tag{5.23}$$

$$I_{i,n} = I_{i,n-1} + \Delta[E_i \to I_i]_n - \Delta[I_i \to R_i]_n, \tag{5.24}$$

$$R_{i,n} = R_{i,n-1} + \Delta[I_i \to R_i]_n \tag{5.25}$$

を実際のシミュレーションに用いる．ここで，式 (5.18)–(5.25) のことをシステムモデルとよぶことにしよう．

5.3.3 観測とシミュレーションの比較

さて，システムモデル (5.18)–(5.25) の結果を図 5.2 の観測時系列と比較したいのだが，これは自明ではない．シミュレーションでは感染者数を直接扱っ

ているが，観測できるのはその日に新たに病院などで確認された感染者の数だからである．そのため，感染者総数と新規感染者とを結びつけるモデルを立てる必要がある．まず，SEIR モデルにより 1 日あたりの発症者数 $J_i(t)$ を見積もろう．単位時間あたり αE_i 人の未発症者が発症するので，ある 1 日の都市 i での発症者数は常微分方程式版では

$$J_i(t) = \int_{t-1}^{t} \alpha E_i(t')dt',$$

SEIR モデルの離散時間・確率過程版では

$$J_{i,n} = \begin{cases} 0 & + \alpha E_{i,n}\Delta t, \quad (n-1)\Delta t \text{ が整数のとき} \\ J_{i,n-1} & + \alpha E_{i,n}\Delta t, \quad \text{それ以外} \end{cases} \quad (5.26)$$

と見積もられる．常微分方程式版での計算法は意味を明確にするためのもので，実際には式 (5.26) で計算する．また，$J_{i,n}$ は 1 日間の累積発症者数なので図 5.3 に示すように，観測データと比較した後に 0 に戻している．

感染者が実際に確定例数として記録されるかどうかには，不確定性がある．その要因として，感染者が受診するかどうか（個人の行動および症状の軽重を反映する），受診時に検出可能な程度にウィルスが体内で増殖しているかどうか，などが考えられる．したがって，いまシミュレーションが見積もった $J_{i,n}$ が観測データと直接対応するのではなく，これを基準値としてなんらかの確率過程を経た値と対応すると考えるべきである．もっとも単純なモデルは，シミュレーションの出力を新規感染者数の真値と仮定し，そのうちの一部が一定の確率で陽性と診断されると考えて，観測値は二項分布に従うとするものである．しかし，上述のような複雑な要因の結果として決まる検出率の推定は困難なので，シミュレーションの出力を検出される新規感染者数の期待値と解釈して，観測データはポアソン分布に従うとする．すなわち，図 5.2 に示した確定例数 $J_{i,n}^{\mathrm{obs}}$ が

$$J_{i,n}^{\mathrm{obs}} \sim \mathrm{Poisson}(\cdot\,|J_{i,n}) \quad (5.27)$$

に従うと仮定する．式 (5.27) のことを，観測モデルとよぶことにしよう．$J_{i,n}^{\mathrm{obs}}$ は日毎のデータなので，$n\Delta t$ が自然数になるような n でのみ有効である．し

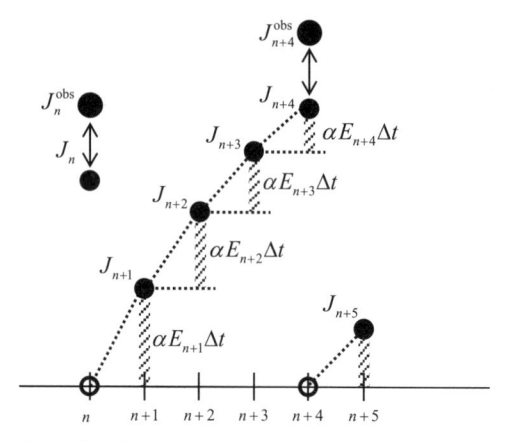

図 5.3 1日間の新規感染者数のシミュレーションによる値 $J_{i,n}$ と観測値 $J_{i,n}^{\text{obs}}$ との対応 ($\Delta t = 1/4$[日] の場合,都市を表す添字 i は省略).

かし,実際には $\Delta t = 1$[日] として計算するので,$n\Delta t$ が自然数となる結果として n は連番の自然数になる.言い換えると,シミュレーションの時間間隔と観測データの取得間隔とが一致する.

5.4 モデルの評価

5.4.1 状態空間モデルとの対応と尤度の計算

これまでに導入したシステムモデル(式 (5.18)–(5.25) と (5.26))と観測モデル(式 (5.27))の組は状態空間モデルとよばれる形式を満足する.時間的な依存関係に注意して,これらの式を見直してみよう.システムモデルは 1 時点前のシミュレーションの状態が与えたもとで,現在の状態が従う分布を与える式である.観測モデルは同時刻のシミュレーションの状態を与えたもとでの観測量の分布を与える.また,これらの分布は α などのパラメータにも依存している.したがって,時点 n における全シミュレーション変数(これは状態変数とよばれる)を x_n,観測量を y_n,シミュレーションおよび観測モデルに含まれる諸パラメータを θ とすると,システムモデルと観測モデ

ルは

$$x_n \sim p(\cdot | x_{n-1}, \theta) \quad [システムモデル], \tag{5.28}$$

$$y_n \sim p(\cdot | x_n, \theta) \quad [観測モデル] \tag{5.29}$$

と抽象化できる．これを（一般）状態空間モデルとよぶ．具体的な変数とは

$$x_n = (S_{1,n}, E_{1,n}, I_{1,n}, R_{1,n}, J_{1,n}, S_{2,n}, E_{2,n}, I_{2,n}, R_{2,n}, J_{2,n}),$$
$$\theta = (\alpha, \beta_1, \beta_2, \gamma, \varepsilon),$$
$$y_n = (J_{1,n}^{\text{obs}}, J_{2,n}^{\text{obs}})$$

のように対応する．

このような一般的な形式をもちだすメリットは，得られた観測データのもとでのパラメータ推定や各時点での状態変数の推定を系統的に行えるという点にある．このような推定は，式 (5.28) として，本章のように対象に特化した力学モデルを用いる場合，データ同化とよばれる．シミュレーションの規模や利用できるデータの多寡によってさまざまなバリエーションがあり，[3] は豊富な事例をとりあげている．また，[2] は統計の基礎から出発して粒子フィルタを中心に状態空間モデルの応用を平易に解説している．他方，[7] にくわしいが，トレンドモデルなどの一般性のある確率過程をシステムモデルに設定して，背景現象を記述するデータを分析することも可能である．ここでは，モデル比較に必要となる尤度を計算する手続きを紹介する．

最後の観測データが時点 m に得られたとすると，時系列の尤度関数は，

$$L(x_0, \theta) \equiv p(y_m, \cdots, y_1 | x_0, \theta) \tag{5.30}$$
$$= p(y_m | y_{m-1}, \cdots, y_1, x_0, \theta) p(y_{m-1}, \cdots, y_1 | x_0, \theta)$$
$$= \cdots (この展開の反復) \cdots = \prod_{n=1}^{m} p(y_n | y_{n-1}, \cdots, y_1, x_0, \theta) \tag{5.31}$$
$$= \prod_{n=1}^{m} \int p(y_n | x_n, y_{n-1}, \cdots, y_1, \theta) p(x_n | y_{n-1}, \cdots, y_1, x_0, \theta) dx_n \tag{5.32}$$

で与えられる．式 (5.30) は，尤度は与えられた初期条件とパラメータのもとで，観測時系列が実現する確率として定義されることを表している．続く 2

式は，粒子フィルタの手続きに組み込むための変形である．式 (5.31) は，同時分布の2つの分布の積への分解（式 (5.5)）を使って各観測点 y_n の分布の積へ変形している．このように，尤度関数は予測分布の積で表現できる．さらに，x_n と y_n の同時分布を考え，x_n について周辺化（式 (5.6)）すると式 (5.32) を得る．被積分関数の第1因子は観測モデル (5.29) の右辺となり，具体的には式 (5.27) を使って計算できる．実際には依存しない変数を斜線で打ち消している．あとは第2因子の分布が評価できれば，尤度を計算できることになる．

5.4.2 粒子フィルタ

粒子フィルタは，$n = 1, \cdots, m$ に対して，確率分布 $p(x_n|y_{n-1}, \cdots, y_1, x_0, \theta)$ および $p(x_n|y_n, y_{n-1}, \cdots, y_1, x_0, \theta)$ のモンテカルロ近似

$$p(x_n|y_{n-1}, \cdots, y_1, x_0, \theta) dx_n \approx \frac{1}{M} \sum_{j=1}^{M} I(x_n = x_{p,n}^{(j)}), \quad (5.33)$$

$$p(x_n|y_n, y_{n-1}, \cdots, y_1, x_0, \theta) dx_n \approx \frac{1}{M} \sum_{j=1}^{M} I(x_n = x_{f,n}^{(j)}) \quad (5.34)$$

を逐次的に得る手続きである．ここで，$I(\cdot)$ は指示関数といって，$I(\text{true}) = 1$，$I(\text{false}) = 0$ である．具体的には，$\{x_{p,n}^{(j)}\}_{j=1}^{M}$ および $\{x_{f,n}^{(j)}\}_{j=1}^{M}$ を n の増大とともに逐次的に得ることになる．M を粒子数とよぶ．下付添え字内の p は予測を表す prediction の頭文字，また f はフィルタリングを表す filtering の頭文字である．導出の詳細は先に示した教科書または [6] に譲り，手続きの概略のみを示す．

粒子フィルタ・アルゴリズム

1. 初期値 x_0 の M 個のクローン $\{x_{f,0}^{(j)}\}_{j=1}^{M}$ を生成する．または，適当な初期値の分布 $p(x_0|\theta)$ から M 個サンプリングして $\{x_{f,0}^{(j)}\}_{j=1}^{M}$ をつくる．実際には後で述べる技術的理由により後者の方法をとる．
2. 時点 n において，式 (5.34) を満たすアンサンブル $\{x_{f,n}^{(j)}\}_{j=1}^{M}$ をもって

いるとする．時点 $n+1$ における同様のアンサンブルは以下の手続きで得られる．

(a) 各 $j = 1, \cdots, M$ に対して，確率分布 $p(x_{n+1}|x_n = x_{f,n}^{(j)})$ から1つサンプリングして，得られた値を $x_{p,n+1}^{(j)}$ とする．具体的には，$x_{f,n}^{(j)}$ を現在状態として式 (5.18)–(5.25) を1ステップ実行し，次の時点での状態を得る．

(b) 各 $j = 1, \cdots, M$ に対して，尤度 $l_{n+1}^{(j)} = p(y_{n+1}|x_{p,n+1}^{(j)}, \theta)$ を計算する．具体的には，$i = 1, 2$ のそれぞれに対して，y_{n+1} と $x_{p,n+1}^{(j)}$ の該当する成分を式 (5.27) に代入してポアソン分布の値を計算し，その積をとる．

(c) さらに規格化する：$w_{n+1}^{(j)} = l_{n+1}^{(j)} / \sum_{j=1}^{M} l_{n+1}^{(j)}$．

(d) アンサンブル $\{x_{p,n+1}^{(j)}\}_{j=1}^{M}$ から M 回復元抽出して，新たなアンサンブル $\{x_{f,n+1}^{(j)}\}_{j=1}^{M}$ をつくる．ただし，メンバー $x_{p,n+1}^{(j)}$ が抽出される確率を $w_{n+1}^{(j)}$ とする．

(e) 得られたアンサンブルを使った計算をする．たとえば，状態ベクトルの平均は，

$$\hat{x}_{n+1} = \int x_{n+1} p(x_{n+1}|y_{n+1}, \cdots, y_1) dx_{n+1} \approx \frac{1}{M} \sum_{j=1}^{M} x_{f,n+1}^{(j)} \tag{5.35}$$

で計算できる．

3. ステップ2を最終観測時点まで反復すると，観測時系列の尤度 (5.32) は

$$L(x_0, \theta) \approx \prod_{n=1}^{m} \left(\frac{1}{M} \sum_{j=1}^{M} l_n^{(j)} \right) \tag{5.36}$$

で計算できる．

5.4.3 モデルを評価するスコア

式 (5.32) によりモデルを比較するには，統計学的および技術的な若干の問題がある．そのための議論を次に行う．

最尤推定にもとづくモデル比較では，モデルごとに尤度関数の最大値を求め，これをモデルのよさを表すスコアとする．しかし，この方法はモデルによってパラメータ数が異なる場合にはよくないこととされている．ナイーブにはシミュレーションから得られる観測量の対応物と実際の観測時系列 $\{y_n\}_{n=1}^{m}$ との差が小さくなるように (x_0, θ) を決めるのがよさそうに思える．しかし，この方法ではたまたま実現した $\{y_n\}_{n=1}^{m}$ に過剰適合する危険性があり，パラメータ数が多いモデルほどその危険性が高くなるのである．そこで，「パラメータの多さ」を罰則として追加した，赤池情報量規準 (Akaike Information Criterion; AIC) とよばれる量

$$\text{AIC} = -2 \max_{x_0, \theta} \ln L(x_0, \theta) + 2 \times (x_0 \text{ および } \theta \text{ の次元の和}) \tag{5.37}$$

がスコアに用いられている（注意：導出の詳細に立ち入らないために上のような感覚的な説明を行ったが，AIC は恣意的に罰則を追加して定義されるものではない．正しい導出は [8] を参照せよ）．筆者らの場合は，モデルを1つに統合しているが，$\varepsilon = 0$ の場合は実質的なパラメータが1つ減るため，以下のようにモデルのスコアを定義する．

$$\text{SCORE}(\varepsilon) = \begin{cases} -\max\limits_{x_0, \theta} \ln L(x_0, \theta), & \varepsilon = 0, \\ -\max\limits_{x_0, \theta} \ln L(x_0, \theta) + 1, & \varepsilon > 0. \end{cases} \tag{5.38}$$

$L(x_0, \theta)$ は x_0 および θ に関して非線形なため，最適解は解析的には得られず，求解には数値的最適化が必要となる．本章では直接法を使うが，網羅的探索によって $L(x_0, \theta)$ の最大値を求めるのは非線形性とパラメータ数の点から通常の計算機環境下では現実的でない．やや経験的ではあるが，以下のように探索対象とするパラメータを絞り込むことを考える．インフルエンザにおける潜伏期間と発症期間の典型的な値 [1] にしたがって，$\alpha = 1/3.5$, $\gamma = 1/3$ に固定する．図 5.2 をみると，関東では大局的には単調に増加している．このような傾向は $\mathcal{R}_{2,0} > 1$ にとりさえすれば実現できてしまい，ノイズの大きい観測からこのパラメータに対して制約を与えることが難しい．そこで，典型的な値である 1.5 に固定することにする [9]．他方，関西では動向が複雑な

ので，$\mathcal{R}_{1,0}$ は探索するパラメータとして残しておく．式 (5.26) を ($\Delta t = 1$ として) 近似して E_1 について解くと $E_{1,n} \approx J_{1,n}/\alpha$ が得られる．この式に $J_{1,1}^{\mathrm{obs}} = 38, J_{1,2}^{\mathrm{obs}} = 67, \alpha^{-1} = 3.5$ を代入すると，$E_{1,1} \approx 133, E_{1,1} \approx 234$ が得られるから，関西での初期感染者はおよそ 100–200 人程度と見積もられる．しかし $E_{1,0}$ と $I_{1,0}$ の比を異にする設定が似たような尤度を与えるため，それぞれを個別に推定することはできない．このような場合には，$E_{1,0}$ と $I_{1,0}$ に適当な分布を仮定して，そこからサンプリングしたものを初期アンサンブルとして粒子フィルタの手続きに入力して，式 (5.36) から尤度を得るという方法が有効である．

5.5 計算結果と考察

モデル・スコアを $\varepsilon = 0$ の場合と $\varepsilon > 0$ の場合とで比較しよう．後者の例として，$\varepsilon = 0.01, 0.1$ をとりあげる．図 5.4 に結果を示す．$\mathcal{R}_{1,0}$ を固定すると，スコアは ε が大きいほどよくなる．これは 2 都市間の流入が効果的であるというシナリオを支持しているように思える．しかし，どの ε でも $\mathcal{R}_{1,0}$ が大きいほどスコアがよくなり，共通の値 (約 2150) に収束する．したがって，関西と関東が孤立していると仮定しても図 5.2 の動向は説明できると判断せ

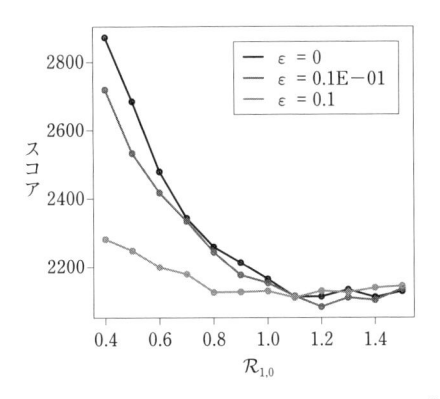

図 5.4 モデル・スコアのパラメータ $(\varepsilon, \mathcal{R}_{1,0})$ への依存性．

ざるを得ない．

スコアが数値的によくても観測をあまりよく再現していないということはあり得る．観測とシミュレーションとで時系列に乖離がないことを確認しておく必要がある．図 5.5 は観測時系列 $\{J_{i,n}^{\mathrm{obs}}\}_{n=1}^{66}$ とシミュレーション $\{J_{i,n}\}_{n=1}^{66}$ とを比較したものである．それぞれの設定での尤度の評価に 1,310,720 個のモンテカルロ・サンプルを用いた．シミュレーションは ε の値ごとにスコアを最良にするパラメータの設定に対する $J_{i,n}$ の式 (5.35) による平均を示している．いずれの ε でもよく観測を再現している．

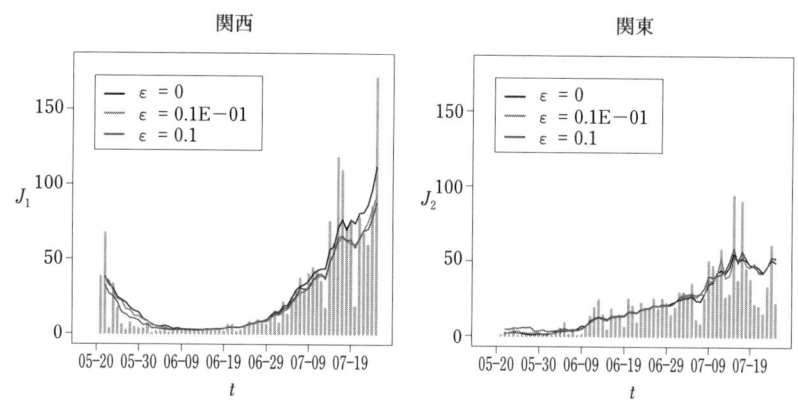

図 **5.5** ε の値ごとの最良スコアを与えるパラメータ設定に対する J_i ($i = 1, 2$)（実線）と J^{obs}（棒グラフ）の比較．左パネルは関西，右パネルは関東での値である．

関西と関東とが孤立していたとしても感染者数の動向は説明できることをみた．改めて図 5.2 の実数をみると，感染者数が 1 桁台である日付がかなりあることに気づく．問題となっている関西での第一波収束後の 1 カ月間がとくにそうである．このような場合，ひとりの発症者が一定の期間に実際にウィルスを伝達できた人数は大きくばらつくため，$\mathcal{R}_{1,0}$ が 1 より大きかったとしても，感染者数を増加も減少もさせずに感染者数の連鎖を温存することが一応可能なのである．あるいは，シミュレーションと観測モデルに採用しているポアソン分布 $\mathrm{Poisson}(\cdot|\lambda)$ では平均 λ，平均で規格化した標準偏差は $1/\sqrt{\lambda}$ であり，スケールが大きいほど相対的なばらつきが小さいともいえる．

このことを確認するために，試みに感染者数を人工的に 2 倍にしたデータ

を生成して前節と同じ計算をした．スコアの比較を図 5.6，感染者数の比較を図 5.7 に示す．オリジナル・データの場合と異なりどの ε でもスコアが極小点をもっている．モデルの許容度が小さくなりパラメータが識別しやすくなったといえる．そして，$\varepsilon=0.1$ の極値の方が残り 2 つより明らかに小さく，都市間の連結を導入することの有効性が示唆される．感染者数の時系列で確認すると，孤立系でもある程度観測を再現できるが，関西において第一波の収束が実際よりゆるやかになっていることがみてとれる．

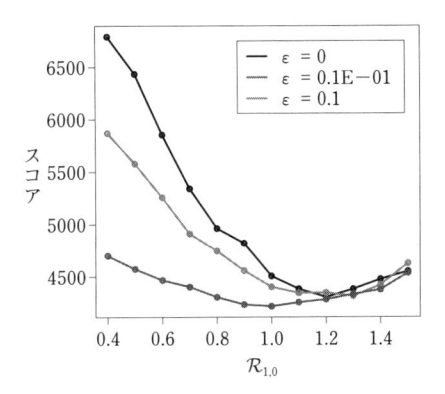

図 **5.6**　感染者数を 2 倍にした場合のモデル・スコアのパラメータ $(\varepsilon, \mathcal{R}_{1,0})$ への依存性．

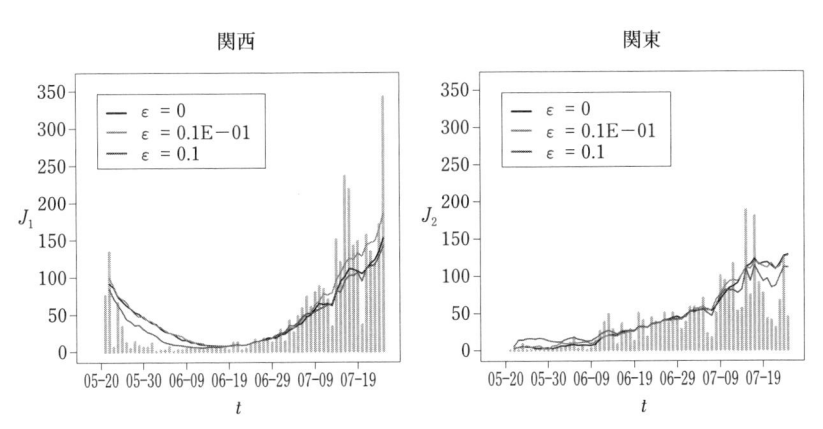

図 **5.7**　感染者数を 2 倍にした場合の ε の値ごとの最良スコアを与えるパラメータ設定に対する J_i $(i=1,2)$（実線）と J^{obs}（棒グラフ）の比較．

5.6 分析のまとめ

本章では，2009年に発生した新型インフルエンザ・パンデミックの関西・関東での動向をモデル比較により分析した．モデルの評価のための尤度計算には粒子フィルタを用いた．関西での動向には，一度沈静化して再び感染が拡大する傾向がみられ，外部（ここでは関東）からの流入が必要かに思われたが，モデル比較の結果は孤立していたとしても起こり得ることを示している．やや直観に反するこの結論は，今回得られた時系列では計数が極端に小さいことによる．観測データは，感染伝達の成否および検出の成否による偶発性を含んでいる．今回の分析では，ともにポアソン分布に従うというモデル化を行った．このモデルの下では，感染者数が数名しかいない状況ではこの2つの偶発性がきわめて強調されるため，今回のようなシナリオもデータからは支持されるのである．

参考文献

[1] F. S. Dawood, S. Jain, L. Finelli, M. W. Shaw, S. Lindstrom, R. J. Garten, et al., Emergence of a novel swine-origin influenza A (H1N1) virus in humans, N. Engl. J. Med., **360** (25) (2009), 2605–2615.
[2] 樋口知之『予測にいかす統計モデリングの基本』講談社（2011）．
[3] 樋口知之他『データ同化入門』朝倉書店（2011）．
[4] W. Hörmann, The generation of binomial random variates, Journal of Statistical Computation and Simulation, **46** (1993), 101–110.
[5] W. O. Kermack and A. G. McKendrick, Contributions to the mathematical theory of epidemics, Proc. Royal Soc. Ser. A., **115** (1927), 700–721.
[6] G. Kitagawa, Monte carlo filter and smoother for non-gaussian nonlinear state space models, J. Comput. Gr. Statistics, **5** (1996), 1–25.
[7] 北川源四郎『時系列解析入門』岩波書店（2005）．
[8] 小西貞則・北川源四郎『情報量規準』朝倉書店（2004）．
[9] H. Nishiura, C. Castillo-Chavez, M. Safan and G. Chowell, Transmission potential of the new influenza A(H1N1) virus and its age-specificity in Japan, Euro Surveill., **14** (22) (2009).

[10] 四辻哲章『計算機シミュレーションのための確率分布乱数生成法』プレアデス出版 (2010).

第6章

経済の現象数理

バブルの発生と崩壊の数理

高安秀樹

6.1 金融市場の科学の構築

20世紀の後半に始まった社会の情報化は，21世紀に入って大きく発展し，私たちの日々の生活にコンピュータネットワークは欠かせないものになっている．注目すべきは，この高度情報化によって，人間のさまざまな行動の詳細な記録が電子化され蓄積されるようになったことである．

たとえば，従来，株式市場などの金融市場では，たくさんの人が市場に集まり，周囲にいる人たちにはわからないような怒号の中で取引が行われ，価格としては始まり値と終り値と最高値と最安値くらいしか記録には残されなかった．しかし，現在の金融市場では取引注文はすべてコンピュータネットワークを介して市場のサーバーコンピュータに入力されて処理され，取引された価格だけでなくキャンセルされた情報をも含むすべての注文の情報が正確なタイムスタンプ付きで保存されるようになっている．取引量の多い典型的な金融市場では，1日に1万回ほど取引が成立して市場価格が変動しており，日次データしか入手できなかった一昔前と比較すると，取引されなかった注文まで考慮すれば，観測できるようになったデータ量は数十万倍にも膨れ上がったことになる．

望遠鏡を用いた精密な観測のおかげで天文学が大きく進歩し，顕微鏡の発

明によって細菌学が誕生し，電子顕微鏡の登場によって物質科学が飛躍的に発展した．このような科学の歴史を振り返れば明らかなように，新たな観測ツールが誕生すると，そこで得られた観測データを基盤とするような科学的な研究が生まれる．その観点に立てば，コンピュータネットワークは金融市場を観測するための新しいツールであり，この観測ツールによって得られる高頻度のデータを分析すれば，金融市場の科学が構築できると期待される [8, 11]．

本章では，まず，マクロな視点から，17世紀以来，私たちの社会の中で普遍的に観測されるバブル現象を紹介する．次に，視点をミクロに変え，秒単位の短い時間スケールでの金融市場を正確に記述する確率動力学方程式を紹介し，その方程式のマクロな極限を想定することによってバブル現象を説明できることを示す．この結果は，1人1人の人間の売買行動をシミュレートするディーラーモデルの視点からも裏づけられる．最後に，経済・社会を記述する現象数理学をさらに発展させるための今後の課題について議論する．

6.2 バブルの発生と崩壊

たくさんの人が物やお金をもち集まって取引をする市場ができたのは，洋の東西を問わずおそらく文明の誕生と同じくらい古い時代であり，きちんとした記録は残されていない．市場に関連する興味深い記録が残されているもっとも古い事例は，1637年にオランダで起こったいわゆるチューリップバブルであろう [12]．

この時代，オランダは大航海時代の先進国であり，オランダの町には世界の珍しいものが集まっていた．その中で人気が高かったのが，トルコが原産のチューリップだった．初めは花の愛好家たちの間で取引される中で徐々にチューリップの球根の値段が高くなっていった．そこに目を付けた資産家が投機の目的で，チューリップの売買を行うようになった．投機とは，値段が安い間に買い付けておいて，値が上がったところで売りぬいて差額で利益を上げようという狙いにもとづいた売買行動である．このようにして投機によって利益を得るものが現れると，チューリップの球根の売買は，もはや，花を楽し

むためではなくなる．値が上がり続けるチューリップの球根は，とにかく買えるときに買っておいてしばらくして値が上がってから売れば，それだけで利益が得られる金融商品と化し，しだいに取引頻度も上がり，1つの球根が1日のうちに何度も売買されるようにすらなっていった．それでも球根の価格は上がり続け，最盛期には，球根1つが家1軒に相当するような異常な高値で取引されるようにまでなり，さらには，球根そのものも姿を消し，球根を譲るという約束手形までもが売買されるようになったという．

しかし，このような異常な価格の暴騰が永続するはずはない．ある日突然，ほとんど何の前触れもなく，球根の価格が下落を始めた．すると，今度は，投機目的に球根を買っていた人は，我先に球根を売り急ぐようになった．値崩れする前に売りぬこうという売り注文だけが殺到し，価格は大暴落をし，数日もすると，球根の価格は，もともと花を楽しむ人たちが売買していた価格程度にまで下がってしまったという．これが，歴史上有名なチューリップバブルである．

この事例を初めて知った人は，昔の人はなんと愚かだったことか，と思うかもしれない．しかし，バブルの発生は，けっして過去のものではない．むしろ，現在の金融市場でもまったく同じようなことがくり返されているのである．

日本では，1980年代，いわゆる土地バブルが発生した．第2次世界大戦以後，日本の土地の価格は平均的には下落することなく上がり続けていた．お金に余裕があれば，土地を買っておけば何年か後には確実に値が上がり，お金が必要になったときに売ることで利益をあげることができていたのである．土地や高級マンションが投資の目的で購入されるようになり，住む予定のない土地やマンションが投機目的で購入され，さらに価格が上昇していった．地価の上昇に伴って株価なども上昇し，一見，非常に景気のよい状況になったが，1990年に入り，あまりの不動産価格の過熱に危険を感じた人が増えだし，不動産価格が下落に転じた．チューリップバブルのときとまったく同様に，下落を始めた不動産には買い手がつかず，価格の下降傾向にはブレーキがかからなくなり，投機目的で購入した不動産を売りぬくことができなかった個人や企業は大きな損失を被ることとなった．

それからおよそ10年後の2000年前後，今度は，インターネットの急速な発展に目を付けた投機家が，インターネットに関連した企業の株を買い漁るようになり，いわゆるインターネットバブルが発生した．インターネットに関連した企業の株はストップ高が連日続くほど値上がりを続け，その値上がりがさらに投機家を呼び集め，価格が上昇していった．アメリカでも日本でも並行する形で株価上昇が持続し，インターネットの発展への過剰な期待が後押しする形で，銘柄によっては百倍を越えるような値上がりをした．しかし，一転して下落しだすと今度は，ストップ安が連続し，最終的にはバブル以前のレベルの価格にまで落ちた辺りで，市場は正常な状態に戻った．

　2007年春には，アメリカの住宅バブルがピークに達していた．日本に遅れること20年，ちょうど日本と同じように土地や住宅の価格がほぼ単調に値上がりする状態が続いていた．このバブルを一気に加速したのは，収入のほとんどない人でも担保なしのローンを組んで家を買えるようにしたサブプライムローンだった．常識的に考えれば，収入の少ない人が住宅を買ったとしても，その借金を返し続けられるはずはないので，お金を貸し出した金融機関が損をするのは明らかである．しかし，住宅価格が右上がりで上昇している特殊な状況のときには，借金を払えなくなった人は家を転売することで，買ったときよりも高い価格で売ることができ，お金を貸してくれた金融機関にローンをまとめて返済することができる．住宅価格の上昇が続くかどうかに依存するこのようなローンは，金融機関にとってギャンブル性が高いので，通常のプライムローンに対してサブプライムローンとよばれて危険視され，従来はそのような貸し出しをすることはなかった．

　しかし，当時のアメリカで，リスクの大きなサブプライムローンとリスクの低いアメリカ国債などを束ねて合成し，リスクを中くらいにみせかけて新たな金融商品にする手法が金融工学の応用として開発された．合成された金融商品は，金融派生商品とよばれ，その中にサブプライムローンが含まれているかどうかは一見わからなくなり，中くらいのリスクで有利な金利が保証される金融商品になっていたので，ヨーロッパや日本の金融機関にも販売することができた．これに類する金融派生商品自体もバブル的に大きく成長し，その結果，海外から大量の資金がアメリカに流れ込むこととなり，アメリカ

の金融機関はサブプライムローンを実施することができ，土地バブルがいっそう加速されたのである．

　2007年夏になって住宅価格が下落しだすと，まず，サブプライムローンでお金を借りていた人たちが借金を返せなくなり破産しだした．すると，サブプライムローンを含むような金融派生商品も信用がなくなり，金融派生商品が売れなくなった．しかも，どの金融派生商品にどれくらいの割合でサブプライムローンが含まれているのかがすぐにはわからないような形になっていたので，金融派生商品全体の価値の暴落が起こり，世界中の金融機関はお金のやりくりが困難になった．危機に陥ったアメリカのいくつかの金融機関が国有化されたりしたのち，2008年9月15日，100年以上の歴史をもつ老舗金融機関であったリーマンブラザーズ社が倒産した．倒産したということは，リーマンブラザーズ社から金融派生商品を購入した金融機関は，約束されていた金利が得られないだけでなく，出資した原資も回収できないことになる．そうなれば，今度はその金融機関が資金繰りをできなくなり，倒産の危機に陥ることになる．金融機関には，一度でも約束通りの返済をできなかった場合には，全金融機関との取引が停止され，その瞬間に倒産になるという厳しい制約があるため，巨大な資産をもつ金融機関であっても資金繰りに失敗すれば脆くも倒産してしまうのである．そのため，リーマンブラザーズ社が倒産した直後には，金融機関同士がお互いに，いつ取引相手の金融機関が倒産するかと疑心暗鬼となり，金融機関間のお金の貸し借りがほとんど止まってしまった．そのまま放っておけば，1929年の暗黒の木曜日とその後の連鎖的な金融機関の倒産の再現になることまで真剣に心配されたが，過去の失敗を学んでいた主要国の政府は，無制限に金融機関にお金を直接貸し出すというきわめて特例的な緊急処置を施し，世界恐慌に突入する最悪のシナリオはかろうじて回避することができた．

　しかし，このいわゆるリーマンショックという世界的な金融危機に伴い世界中のお金の流れが委縮し，世界の貿易額は大きく落ち込み，実体経済も停滞した．このように，土地バブル，インターネット株のバブル，住宅バブルに金融派生商品バブル，と最近30年間をみても，ほぼ10年ごとに新たなバブルが発生し，そして，崩壊をくり返している．チューリップが別のものに変

6.2 バブルの発生と崩壊　　173

わっただけで，バブルの発生と崩壊は，現在でも社会を大きく揺るがす大問題なのである．なにも対策をとることができなければ，近い将来，また，バブルの発生と崩壊に社会が混乱する事態に陥ることはほぼ確実である．

6.3 ミクロな市場価格の変動特性と PUCK モデル

バブルは，ある程度の長い時間をかけて広く社会に影響を及ぼすマクロな現象である．しかし，この現象の根源は市場価格の変動にあり，それは，1人1人の人間がある商品をいくらで買うか，というきわめてミクロな行動にもとづいている．従来の経済学では，ミクロな個人レベルの経済行動と国全体に及ぶようなマクロな経済現象とは，まったく異なる視点から分析するのが伝統的なアプローチだった．しかし，マクロな現象はマクロな視点からだけからしか分析することができないというわけではない．むしろ，物質の場合には，分子や原子などのミクロな運動方程式からマクロな物性を導出することができるし，それができて初めて本当に現象を理解したことになる．経済現象の場合にも，ミクロなレベルの売買行動を精密に正しくモデル化することができれば，ミクロな動力学からマクロなバブルの発生も説明ができるはずである．それを実際に可能としたのが，次に紹介する PUCK モデルとよばれる金融市場の新しい数理モデルである [7]．

現在，ミクロな売買行動をもっとも正確に観測できるのは，取引が電子化された金融市場での株や外国為替の市場価格の変動である．これらの売買では，コンピュータネットワークを介して入ってくる売り注文や買い注文が秒よりも短い時間スケールでタイムスタンプが付く形で記録されるようになっており，実際に取引された市場価格だけでなく，注文が入れられてまもなくキャンセルされたようないわゆる板データも蓄積されている．このような詳細な観測が可能となったのは，21世紀に入ってからであり，先にも述べたように日次の価格しか観測できなかった時代と比べると，情報量はおよそ数十万倍にも増加した．物質科学とのアナロジーでいえば，数十万倍もの倍率をもつ電子顕微鏡を入手できるようになったということになる．この詳細な時

系列データを分析することで市場価格の特性に関する研究は大きく発展した[16]．

金融市場というと株式市場を思い浮かべる人が多いが，株の取引は1日の中で取引できる時間帯が限定され，また，銘柄がたくさんあり，それぞれが大株主の動向で株価が大きく変動することも多いので，普遍性を求める目的をもった市場価格の変動の研究にはあまり適していない．それに対して，ドルやユーロや円の交換をする外国為替市場は，週末以外は24時間継続して取引を継続しており，時系列データとしては連続性がよい．また，取引金額も外国為替市場全体では，1日当たり400兆円にもなり，1日当たりの取引総量が1兆円程度である株式市場など他の金融市場よりも桁違いに大きく，日銀の介入などを除けば特定のプレイヤーの影響を受けることが少ないので，市場価格の変動の普遍的な特性をもっともよく観測することができる．

時系列データとしてみたとき，このような金融市場価格の変動は，第1近似としては，ある程度以上長い時間スケールでは，一定値の周辺でのランダムウォークとみなすことができる．たとえば，1ドル80円というおおよその基準となるレートの周りで，100分の1円程度の歩幅でランダムに上がり下がりするような変動である．このような変動は，時刻tにおける市場価格を$x(t)$とおくと，

$$x(t + \Delta t) = x(t) + f(t) \tag{6.1}$$

と表現することができる．ここで，$f(t)$は，ランダムな外力を表す項で，次式を満たす確率変数とする．

$$< f(t) f(t') > = \sigma^2 \delta(t - t') \tag{6.2}$$

ただし，$\delta(t)$はディラックのδ関数であり，σはゆらぎの標準偏差を表し，上記の例ならば，$\sigma = 0.01$となる．

金融市場の価格変動を記述するとき，時間軸としては，物理的な時間をそのまま使う場合と，取引ごとに時間を進めるティック時間を使う場合とがある．24時間絶え間なく動いている外国為替市場といえども，1日中ずっと同じような頻度で取引が起こっているわけではなく，たとえば，ドル円市場で

あれば，日本やヨーロッパ，そして，アメリカのビジネスアワーに合わせて取引頻度が変化している．したがって，物理的な時間で観測した場合には，24時間の周期的な挙動が現れやすい．他方，ティック時間ならば，あからさまな周期性はみえなくなるが，取引頻度が多いときと少ないときの統計性の違いをみることができなくなるので，どちらも一長一短である．ここでは，時間は一般的にどちらでも使えるような表式に留めておく．

　金融市場における市場価格の変動が式 (6.1) によって近似される理由は，経済学では，効率的市場仮説とよばれ，次のように説明される．近未来の市場価格の予測をしたとき，たとえば，もしも，平均的に価格が上がると判断できるような状況の場合には，安いうちに買っておいて，後で値上がりしたときに売れば，その差額で利益を上げることができることになる．このように投機的な売買によって利益を上げることができるのであれば，人よりも早く買っておいたほうがそれだけ安く買うことができ，利益を大きくすることができる．そのように考えれば，投機的な売買を行う人が多数を占める市場では，平均的に誰でもが推定できるような価格変化は，それがみつけられた瞬間に売買が進んで価格が上がってしまい，すぐにそのような方法では利益を上げられないような状況になるはずである．そして，平均的な上がり下がりが期待できないような状況になった市場では，価格が上がるか下がるかは，誰も予想ができないことになり，買おうとする人の数と売ろうとする人の数がおおよそつり合い，市場価格が上がるか下がるかはほんのわずかなバランスのずれによって起こることになり，結果，ランダムになると考える．したがって，投機的な市場では，市場価格の変動は，ランダムウォークに従うことになる，という仮説である．

　この仮説が成り立つためには，いろいろな条件が暗に想定されていることを注意する必要がある．まず，投機的な売買をする人が多数いる市場かどうか，が重要である．そもそも投機的な売買をする人がいなければ，将来価格が上がるとわかっていても急いで買う人が現れないので，市場価格は売りと買いがつり合うところまで動かないので，価格は，じりじりと上がり続けるような状況も起こり得ることになる．たとえば，戦後の日本の地価がほぼ単調に上がり続けたような状況はそれに近いと考えられる．

それに対し，実際の金融市場では，ほとんどの場合，投機的な売買が中心的であることが知られている．たとえば，外国為替市場に関していえば，本来の国を越えた物や人の移動に伴うお金のやり取りに必要な金額は，世界の貿易量から1日に数兆円程度と見積もられている．つまり，貿易に関わる実需に必要な通貨交換の量は，1日当たり数兆円程度あれば，十分ということになる．それから単純に考えれば，外国為替市場での1日当たりの取引量が400兆円にも上っているということは，この市場での取引の99％程度が実務上の必要に迫られたものではないお金の流れに起因したものであると理解される．実務上の必要に迫られた取引とは，たとえば，アメリカの企業と取引している日本の企業が，ドル建てで支払うことを約束しているような場合に，所有している円をドルに換えてもらうように金融機関に依頼するような取引である．一方，実務上の必要以外の取引とは，市場価格の変動を先読みして利益を上げようという投機や，市場価格の変動のリスクを相殺するために複数の通貨をもつヘッジ，など専門的にはさまざまに分類することができるが，近未来の自己の資産価値を大きくする目的で素早く取引行動がとれるという意味では，広い意味で投機家的な取引とみなすことができる．したがって，外国為替市場に関しては，効率的市場仮説が成立するための必要条件である投機家がたくさんいる状況は満たされていることになる．

　効率的市場仮説が成立するためのもう1つの条件は，近い将来確実に価格が上がると判断できるような情報を投機家が入手でき，さらに，価格が上がった後の適正価格を推定できることであるが，これらの仮定は，短い時間スケールでは明らかに成立していない．多くの場合，投機家はニュースに対してつねに敏感で，たとえば，アメリカが不利だと判断できるようなニュースが現れると，慌ててドル売りをする．典型的な事例は，図6.1に示した2001年9月11日のアメリカに対する多発テロの日のドル円市場の為替レートである．現地時間で午前9時少し前に，ハイジャックされた飛行機が貿易センタービルのツインタワーの1つに追突し，十数分後に2機目のハイジャックされた飛行機がもう1つのツインタワーに激突した．この2機目のときに，ニュースを知った誰もがアメリカに対する大規模なテロが発生したことを理解したが，ドル円市場では，この直後から，ドル売りが殺到し，ドルの価値が大きく下

落した．この例からもわかるように，分単位程度，あるいはそれよりも短い時間スケールで観測すれば，突然のニュースによって投機家が慌てて動き出す様子は十分に観測可能である．投機家の動きがみえるということは，そのような時間スケールでは，効率的な市場仮説は満たされておらず，投機家の集団的な行動の動力学が市場価格を決めることになる．

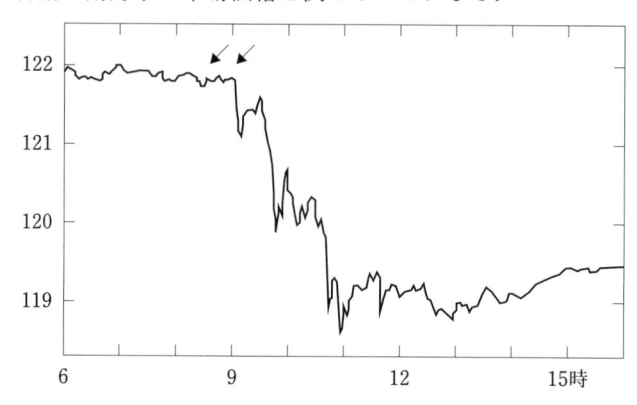

図 **6.1** 2001 年 9 月 11 日のドル円市場の為替レート．2 つの矢印がハイジャックされた飛行機が世界貿易センタービルに衝突した時刻を表す（次のホームページには，この日のデータを PUCK モデルで解析した結果のムービーがある．http://www.smp.dis.titech.ac.jp/）．

このように，投機家の行動が観測できるくらいの短い時間スケールで市場価格の変動を記述しようとすると，式 (6.1) のような単純なランダムウォークモデルでは不十分であることは明白である．そこで開発されたのが，次式のように市場のポテンシャル力の存在を仮定する PUCK（Potentials of Unbalanced Complex Kinetics，不安定複雑動力学ポテンシャル）モデルである [13, 14, 17]．

$$x(t+\Delta t) = x(t) - \left.\frac{\partial \Phi(u,t)}{\partial u}\right|_{u=x(t)-x_M(t)} + f(t). \qquad (6.3)$$

ここで，$\Phi(u,t)$ は，時間とともに変化する市場価格のポテンシャルであり，その力の中心は，次のように定義される市場価格の移動平均値，

$$x_M(t) = \frac{1}{M}\sum_{j=1}^{M-1} x(t-j\Delta t) \qquad (6.4)$$

で与えられる．ただし，M は 2 以上の自然数で，典型的には 10 程度の値をとる．市場のポテンシャル関数の典型的な形は，次のように与えられる．

$$\Phi_M(u,t) = b_1(t,M)u + b_2(t,M)\frac{u^2}{2} + b_3(t,M)\frac{u^3}{3} + \cdots \quad (6.5)$$

ここで，$b_k(t,M)$ は，k 次のポテンシャル係数とよばれる．

$b_1(t,M)$ が 0 でない場合には，市場価格は，平均的に方向性をもった動きをすることになるので，実際の市場では，多くの場合，0 とおくことができる．$b_2(t,M)$ は，後で述べるように，市場の安定性，不安定性と密接に結びついたもっとも大切な係数である．k が 3 以上のポテンシャル係数 $b_k(t,M)$ は，突然大きなニュースが入ってきた場合や大暴落の前兆などとしてしばしば観測され，急激で大きな価格変動に結び付いていることが多い [17]．なお，これらのポテンシャル係数がすべて 0 の場合には，式 (6.3) の PUCK モデルは，式 (6.1) の通常のランダムウォークモデルと一致する．すなわち，市場価格のポテンシャルは，単純なランダムウォークモデルでは表現しきれないような現実の市場価格の変動成分を抽出したものであるということもできる．

市場のポテンシャルの形状は，与えられた市場の時系列データから，次のような方法で観測することができる．

(1) 市場価格の差 $v(t) \equiv x(t+\Delta t) - x(t)$ を縦軸に，市場価格とその移動平均値の差 $x(t) - x_M(t)$ を横軸にとり，与えられたデータから，過去 N 個のデータを用いて，散布図を描く．

(2) この散布図のプロットを次の多項式で近似することによって，それぞれのポテンシャル係数を推定する．

$$-\frac{\partial}{\partial u}\Phi_M(u,t) = -b_1(t,M) - b_2(t,M)u - b_3(t,M)u^2 + \cdots \quad (6.6)$$

時系列とパラメータ M と N を与えれば，この推定は自動的に処理することができるので，これで，時々刻々の市場のポテンシャルの形状を得られるが，パラメータ M と N をどのように決めればよいか，という任意性が残る．これらの値は，次のように決めることができる．

式 (6.3) と式 (6.6) からわかるように，散布図における散らばりは，ランダムなノイズ項，$f(t)$ に帰着させられる．すなわち，与えられたデータと M

と N から，次のように $f(t)$ の値が決められる．

$$\begin{aligned}f(t) =& x(t+\Delta t)-x(t)+b_1(t,M)+b_2(t,M)(x(t)-x_M(t))\\ &+b_3(t,M)(x(t)-x_M(t))^2+\cdots\end{aligned} \quad (6.7)$$

ここで，$f(t)$ を独立で定常的なランダム変数と想定しているので，その確率密度関数を，$w(f)$ として仮定すれば，式 (6.7) のような値をとる確率は，$w(f(t))$ によって与えられることになる．このようにモデルにおける潜在的な変数のとる確率は通常の確率とは違うので，尤度とよばれている．式 (6.6) がよい近似となるためには，観測している N 個の時系列データに対して，次の式で定義される尤度の値ができるだけ大きくなることが要求される．

$$L \equiv \prod_{j=0}^{N-1} w(f(t-i\Delta t)) \quad (6.8)$$

ただし，ポテンシャル関数の近似の度合いを表す k の値に限度がないと，極端な場合には，N 個のサンプル点すべてを通るようにポテンシャル係数を決めることもでき，自動的に式 (6.8) の値を最大にすることができる．しかし，それは，モデルの自由度を大きくしすぎており，サンプル点 1 つの値の違いでポテンシャル係数の値が大きく変化してしまい，モデルとしての意味がなくなってしまう．そこで，できるだけ小さな k の値の範囲で，尤度を大きくすることが望まれる．

このようなモデルの設定において重要な役割を演じるのが，赤池情報量規準（AIC）である [1]．赤池情報量規準の考え方では，ランダム変数が正規分布に従うような場合には，モデルの自由度を 1 つ大きくすると，対数をとった尤度の値が，2 だけ大きくなる一般的な性質を利用して，次のように定義される赤池情報量規準を最小化することをモデル選択の指針とする．

$$I_{\mathrm{AIC}} \equiv -2\log L + 2k. \quad (6.9)$$

ここで，k は，導入するポテンシャル係数の数である．実際の金融市場のデータに対して適用する場合には，ポテンシャル係数の数は少ないほどよいので，

次のようなケースをそれぞれ計算し，それらの中で，赤池情報量をもっとも小さくするケースを採用する．

(1) すべてのポテンシャル係数を 0 とおいた単純なランダムウォークモデル
(2) $b_2(t)$ 以外のポテンシャル係数を 0 とおいたモデル
(3) $b_2(t)$ と $b_3(t)$ 以外のポテンシャル係数を 0 とおいたモデル
(4) $b_2(t)$ と $b_3(t)$ と $b_4(t)$ 以外のポテンシャル係数を 0 とおいたモデル

ドル円市場などの高頻度時系列データを解析すると，ポテンシャル項がまったく不要であるケース (1) が選択されることはあまりなく，2 次のポテンシャル係数のみが 0 でない値をとるケース (2) が選択されることが多く，ときおり，ケース (3) の 3 次ポテンシャルも選択された．このことから，短い時間スケールでの市場価格変動は，単純なランダムウォークモデルでは不十分であり，ケース (4) のような市場のポテンシャル力を想定した中でのランダムウォークモデルにまで拡張しておく必要があることがわかる [17]．

モデルのパラメータである M の値も，同様に赤池情報量を最小にするという考え方に従って，与えられたデータから決定することができる．M は，式 (6.4) で定義した市場のポテンシャル力の中心を表すような市場価格の移動平均の大きさを決めるパラメータであり，モデルのパラメータ数が変わるわけではない．したがって，たとえば，$M = 2, 4, 8, 16, 32$ など，いくつかの候補を用意しておき，それらの中で，上記のようなケース分けをして，赤池情報量の値をもっとも小さくする M の値を絞り込めばよい．これによって，与えられた時系列データから市場のポテンシャル力がもっとも明瞭に観測できるような移動平均の大きさを決定することができる．

残るもう 1 つのパラメータである N に関しては，これは，モデルの選択をするために使用するデータの量であり，N の値が異なるモデルをそのまま赤池情報量で比較することはできない．そこで導入するのは，ベイジアン情報量規準（Bayesian Information Criterion; BIC）である．これは，次式のように定義され，モデルの自由度 k の他に使用するデータ数 N に依存する重みが付加されており，使用するデータ数が異なる場合でも，どちらのモデルがよりよくデータに適合しているかを比較することができる．

$$I_{\text{BIC}} \equiv -2\log L + k \log N. \tag{6.10}$$

　この方法を用いれば，PUCK モデルを適用するのに最適なデータ数を与えられたデータから自動的に決めることができることになる．N の値は，PUCK モデルのパラメータを一定値とみなすデータの量であるので，逆にいえば，見積もられた最適な N の値よりも長い時間スケールでは，PUCK モデルのパラメータは時間とともに変化しているとみなすべきであると解釈される．実際のデータから推定される最適な N の値は，数百から数千程度であることが多い [17]．物理的な時間に換算すれば，およそ数十分から数時間程度である．

6.4　市場のポテンシャル力の意味

　前節で示したように，現実の金融市場の時系列データは，単純なランダムウォークモデルよりは，市場のポテンシャル力の項を付加した PUCK モデルの方が適合性は高い．つまり，現実の市場にはポテンシャル力が存在する，ということが統計的な観点から正当化される．この市場のポテンシャル力とは，そもそもどのようなもので，どのようにして生じるのであろうか？　ディーラーモデルとよばれる 1 人 1 人のディーラーの行動を数理モデル化した理論モデルを導入すると，この市場のポテンシャル力が何に起因しているのかを明らかにすることができる．

　ディーラーモデルとは，市場に参加するディーラーの行動を単純化した数理モデルであり，最初のモデルは，筆者らによって，1992 年に発表されている [9]．その中では，投機的なディーラーの行動を単純化した決定論的な数理モデルを導入し，なぜ，市場価格は安定せず，ランダムに近い変動をするのか，そして，暴騰や暴落が起こる原因は何なのかを明らかにしている．その後，このように仮想的に市場を構成するモデルは，人工市場や仮想市場というような名前で広く研究されるようになっている [3]．ここでは，最近改良されて現実の金融市場の統計的な性質をすべて満たすようになったディーラーモデルを紹介し，そのモデルが生み出す仮想的な市場でもポテンシャル力が

観測されることを明らかにする [18].

ディーラーモデルでは，K 人の市場参加者を想定し，それぞれのディーラーは，ある金融商品の売りたい価格と買いたい価格を決めているとする．時刻 t における第 j 番目のディーラーの希望売値を $s_j(t)$, 希望買値を $b_j(t)$ とすると，ここでのディーラーは誰もが投機的であるとして，できるだけ安く買ってできるだけ高く売り，その差額を利益にしようとしているものと考えており，つねに次の不等式を満たしている．

$$b_j(t) < s_j(t) \tag{6.11}$$

これらの価格の差は，スプレッドとよばれ，その値が大きいほど，取引ができたときの利益は大きくなるので，それぞれのディーラーの貪欲さを表す量となる．もっとも単純なディーラーモデルでは，スプレッドは全員共通した値 S をとるものとし，$b_j(t) = s_j(t) - S$ によって与えられるものとする．

市場を見渡したとき，取引が成立するのは，買いたい人と売りたい人の両者が満足できることが条件であり，それは，次式によって与えられる．

$$\max\{b_j(t)\} \geq \min\{s_j(t)\} \tag{6.12}$$

このとき，買値の最大値を与えたディーラーと売値の最小値を与えたディーラーとの間で取引が成立し，最高買値と最低売値の平均価格で最小単位量の取引をするものとする．取引が行われると，買い手のディーラーは次にはより利益を上げようとして自分の希望買値を下げ，売り手は逆に自分の希望売値を上げることで，同じディーラーが取引を連続しないように設定する．たとえば，図 6.2 のように，両者とも，取引価格が希望売値と希望買値の中点になるようにする．また，取引が行われたときには，その市場価格の情報はすべてのディーラーに伝えられ，取引をしなかったディーラーたちは，新たな取引価格を参考にして，自分たちの希望売値と希望買値を後述するように変更する．

条件式 (6.12) を満たすようなディーラーがいない場合，市場では取引が成立しないが，市場価格としては，直前の取引が成立したときの市場価格を持続するものとする．ディーラーたちは取引を行いたいので，それぞれが希望

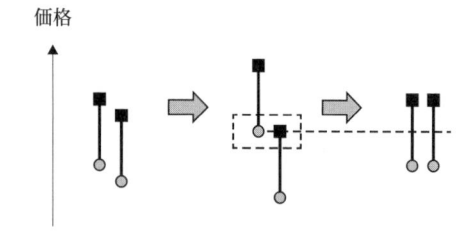

図 **6.2** ディーラーモデルにおける希望売値 (■) と希望買値 (○) の変化の概念図．希望売値と希望買値がぶつかるまでは価格をランダムに変化させ，ぶつかった価格で取引が成立し，市場価格（点線）が決まる．取引後は，市場価格を中心にして希望売値と希望買値を設定する．

取引価格を変化させる．このときのそれぞれのディーラーの希望取引価格の変更の方法には，次のようないくつかの効果を導入する．

(A) ランダムに希望取引価格を上下させる．
(B) 直近の市場の取引価格の変化に比例するような増分を付加する．
(C) すでに保有している金融商品の数に応じて売り手と買い手に分け，売り手は希望売値を下げ，買い手は希望買値を上げる．

この他にも，もっと込み入った戦略をもったような価格戦略をもったディーラーを用意してもよいが，金融市場の基本的な統計性を再現するという目的であるならば，上記の (A) と (B) だけで十分である．さらに踏み込んで，たとえば，日銀の介入というような例外的な事例をも再現したいというような場合でも，上記の3つの効果を考慮したディーラーモデルを導入すれば現実の現象とほぼ同じ現象をシミュレーションによって再現することができる [5]．また，最初に導入されたディーラーモデルでは，効果 (C) にもとづいた決定論的な取引戦略を想定し，取引の相互作用によってカオスが生じ，市場価格がひとりでにランダムに近い動きをすることを示している [9]．

市場価格の時系列を $x(t)$ とし，市場価格の変化量を $\Delta x(t) \equiv x(t+\Delta t) - x(t)$ とおいたとき，金融市場の変動の統計性を特徴づける基本的な量は，次に述べる3つの統計量である．

市場価格の時系列の自己相関関数は，次のように定義される．

$$C(T) \equiv \frac{<\Delta x(t+T)\Delta x(t)> - <\Delta x(t)>^2}{<\Delta x(t)^2> - <\Delta x(t)>^2}. \tag{6.13}$$

ここで，<...> は平均を表す．自己相関関数は，市場価格の上がり下がりが直近の過去の履歴に依存しているかどうかをみるための基本的な手段である．現実の金融市場のデータでは，T がある程度よりも大きい場合には，自己相関関数の値はほぼ 0 になり，価格変動をランダムウォークとみなしても差し支えないことが確認できる．しかし，T が秒単位のごく短い場合，$C(T)$ は，0 でない値をとることも多く，短い時間スケールでは，市場価格の変動がランダムウォークから乖離していることが確認される [7]．

次に基本的な統計量は，市場価格の変位の分布関数であり，変位が $\Delta x(t)$ よりも大きな値をとる確率 $P(>\Delta x)$，あるいは，それを微分した確率密度関数 $p(\Delta x)$ によって特徴づけられる．純粋なランダムウォークであれば，価格の変位の確率密度関数は正規分布に従うはずであるが，現実の金融市場の価格変動の分布には，一般にベキ乗で近似されるような長いすそが付随することが知られている [4]．ベキ指数の値は，3 程度であることが多く，そのため，3 次以上の統計量，たとえば，$<|\Delta x|^3>$ のような量は，観測するサンプル数を増やすと発散する傾向を示す．

もう 1 つの金融市場の統計性を特徴づける重要な量である拡散の時間依存性は，次のように市場価格の変位の分散から定義される．

$$<\{x(t+T)-x(t)\}^2> \propto T^\alpha. \tag{6.14}$$

通常の単純なランダムウォークであれば，α の値は 1 である．しかし，現実の金融市場のデータから式 (6.14) の左辺の値を時間差 T の関数としてプロットすると，十分大きな T に対しては，確かに $\alpha=1$ となるが，T が小さいところでは，ずれが観測される．そのような場合には，T に関する単純なベキ乗関数にはならないので，T 依存性をもつように指数 α を次のように拡張する．

$$\alpha(T) \equiv \frac{d\log<\{x(t+T)-x(t)\}^2>}{d\log T}. \tag{6.15}$$

このように定義された $\alpha(T)$ は，1 よりも大きな値をとる速い異常拡散となる場合と，1 よりも小さな値をとる遅い異常拡散の場合とがある．なお，この異常拡散と式 (6.13) の自己相関関数には密接な関係があり，速い異常拡散

の場合には正の自己相関をもち，遅い異常拡散の場合には，負の自己相関をもつ．

ディーラーモデルでは，それぞれのディーラーの希望取引価格の変更方法を数式によって規定すれば，それでモデルが完成し，仮想的な市場のシミュレーションを行うことができる．まず，もっとも簡単な場合として，上記の効果 (A) だけを取り入れたシミュレーションを行うと，容易に想像されるように，結果として得られる市場価格の変動は，ほぼ単純なランダムウォークに従うことになる．自己相関関数は 0 になり，変位の分布は正規分布に近い分布になり，異常拡散は起こらずに式 (6.15) の α はつねに 1 になる．

先に述べたように現実の市場のデータでは，単純なランダムウォークからのずれが観測されるのであるから，ディーラーモデルでも，現実のデータと同じようなランダムウォークからのずれが発生するように改良する必要がある．そのためのキーとなるのが，上述の (B) の効果である．直近の過去の取引価格の変化の効果を取り込むもっとも簡単な方法は，ディーラーの取引希望価格の時間発展を次のように想定する方法である．

$$b_j(t+\Delta t) = b_j(t) + d_j\{x(t) - x(t-\Delta t)\} + f_j(t). \tag{6.16}$$

ここで，$f_j(t)$ は上記 (A) の効果を表す平均値が 0 のランダムな変数である．係数 d_j は，上記の効果 (B) を実現するために導入した j 番目のディーラーの市場価格の変化に対する戦略を表す量であり，d_j が正ならば市場価格の変化を追随する「順張り」とよばれる効果を表し，d_j が負の場合は「逆張り」とよばれ，市場価格がこれから反転することを予想することに相当する．d_j が正の場合はさらに分類することができ，1 よりも小さい場合には過去の市場価格の変化の傾向は持続するがしだいに減少すると予想することを表し，1 よりも大きな値をとる場合には，過去の価格変化がより増幅されていくだろうと予想することを，そして，ちょうど 1 である場合には同じ価格変動が継続するだろうと予測していることを意味する．

この係数 d_j を導入することによって，市場価格の基本的な特性が，次のように変化することが調べられている [18]．簡単のため，すべてのディーラーが同じ値 d をとる場合でまとめると表 6.1 のようになる．

表 6.1 ディーラーモデルによって生じる市場価格の変動の統計性.「定義不能」は, 価格変動が非定常の場合. バブル現象は, $1 \leq d$ の場合に発生する.

d の値	自己相関関数	確率分布	拡散の特性
$d \leq -1$	定義不能	定義不能	振動発散
$-1 < d < 0$	負の相関	ほぼ正規分布	遅い異常拡散
$d = 0$	相関なし	正規分布	正常拡散
$0 < d < 1$	正の相関	ベキ分布	速い異常拡散
$1 \leq d$	定義不能	定義不能	きわめて速い異常拡散

$d \leq -1$ の場合は, 直近の市場価格の変化が方向を逆転して増幅されるような特殊な場合であり, 現実の市場では市場参加者がそろってこのような行動をすることは起こり得ないので, 注目する必要はない.

$-1 < d < 0$ の場合は, 弱い逆張りの状態であり, 現実の市場でも起こり得る. ディーラーたちは, 市場価格が変化しても元の価格に引き戻されるような予想をするため, 市場価格が大きく変動することはない. このような状況では, 自己相関関数は負の値をとり, 価格の拡散は遅い異常拡散に従う.

$d = 0$ の場合は, ディーラーたちが過去の価格変動をまったく無視して未来の市場価格をランダムに想定するような場合であり, 効率的な市場仮説が成立する場合といってもよく, 市場価格は単純なランダムウォークの特性をもつ.

$0 < d < 1$ の場合は, 弱い順張りの状態であり, 現実の市場でも起こり得る. ディーラーたちは, 直近の価格変動が減衰しつつも継続することを予想するため, 価格が大きく増幅して動く可能性がある. 正の自己相関, 速い異常拡散, そして, 価格変位の分布はベキ分布に従うという現実の市場の特性をもっとも反映した特性をもつ.

$1 \leq d$ の場合には, 直前の市場価格の変化が増幅されて次の市場価格が決まるので, 市場価格は動き出した方向に加速されていくことになり, 市場価格の時系列は非定常となる. 非定常な時系列に対しては, 自己相関関数や確率分布は初期条件に依存するような形になり, 統計量としては定義できない. とくに, $1 < d$ の場合は, 市場価格は時間とともに指数関数的に発散する傾向を示し, ベキ乗で特徴づける異常拡散よりもさらに速く市場価格は動くことになる. この状態は, 現実の市場でもときおり出現し, とくに, バブルの

ときにはこのような状態がある程度の時間持続していることに対応する.

このように,ディーラーモデルを通して考えると,市場の価格変動のランダムウォークからの乖離は,市場価格の変化に対するディーラーたちの戦略に起因しており,とくに,市場の価格変化に対する応答係数 d_j がカギを握っていることがわかる.実際の市場では,すべてのディーラーが同じ応答係数をもつことはなく,さまざまな値で分布していることが想定される.そのような場合には,市場に参加しているディーラーたちの応答係数の平均値 $<d_j>$ が上記の d と同じような役割をもち,おおよそ表 6.1 と同じような市場の振る舞いがシミュレーションによって観測されている.

ここでは導出の詳細を省略するが,この市場の価格変化に対する応答係数,d_j は,PUCK モデルにおける市場のポテンシャル力とも密接な関係をもっていることが明らかになっている [18]. $<d_j><0$ の場合には,市場価格は安定しており大きな変動は現れにくいが,そのような場合には,PUCK モデルにおける 2 次のポテンシャル係数 $b_2(t, M)$ は,正の値として検出される.また,$<d_j>\gg 0$ の場合には,市場価格は不安定に大きな変動を引き起こしやすく,$b_2(t, M)$ は,負の値となるのである.ディーラーモデルにおける $<d_j>$ の値と,そのモデルから生成された市場価格の時系列から推定した $b_2(t, M)$ の値はほぼ符号を逆にして比例関係にあることが数値計算から明らかになっている.ということは,実際の金融市場の時系列から PUCK モデルを通して見積もった $b_2(t, M)$ の値を観測することによって,その現実の市場に存在するディーラーたちの平均的な戦略が,順張り的なのか,それとも,逆張り的なのかを推定できることになる.

たとえば,市場価格が大きく上がったという事象が発生したときに,その変化をまったく無視するようなディーラーは,現実にはあまりいない.短い時間の価格変化を注視している投機的なディーラーの多くは,その変化に対して,正に,あるいは,負に反応して,自分の戦略を考える.平均的には,正または負のどちらかに偏ることが多く,その結果として,市場のポテンシャルが生じることになる.これが,現実の市場において市場価格がランダムウォークから乖離する根本的な理由である.

実際の市場では,時と場合に応じて,$<d_j>$ が正になる場合と負になる

場合の両方が起こる．そのとき，正になった場合には，表 6.1 からもわかるように市場価格の変位の確率分布にはベキ乗のすそが現れる．一方，負になった場合の市場価格の変位の確率分布にはベキ乗のすそはない．しかし，それぞれの出現頻度を考慮して両者を足し合わせて考えれば，全体としてはベキ乗のすそが実現することになる．それに対し，自己相関と異常拡散に関しては，$<d_j>$ が正の場合と負の場合とが両方とも同じくらいの頻度で発生すると，全体としては，自己相関はほぼ 0，拡散も通常拡散，に近い結果にならされることになる．非常に長い時系列データを観測すると，自己相関は 0 に近く，拡散も通常拡散に近いが，価格の確率分布はベキ分布のすそのをもつ，という結果になることが多いのはそのためである．そのような場合でも，数時間程度のある程度短い時間スケールで観測をすれば，自己相関も拡散も単純なランダムウォークとは異なる結果になることを確認でき，自明ではないディーラーたちの平均的な戦略を知ることができる．

6.5 ミクロな市場の特性とランジュバン方程式

物理学の分野でランダムウォークを記述するもっとも基本的な方程式は，微粒子の速度 $v(t)$ に対する次のランジュバン方程式である．

$$m\frac{d}{dt}v(t) = -\mu v(t) + F(t). \tag{6.17}$$

この方程式は，粘性係数が μ であるような液体の中を漂う質量が m の微粒子が，液体の分子の熱的な衝突によってランダムな力 $F(t)$ を受けている状況を表している．ランジュバン方程式にしたがう粒子の動きは，大きな時間スケールでは通常の拡散現象を再現するので，式 (6.1) で導入された単純なランダムウォークモデルと混同されがちであるが，ランジュバン方程式のミクロな振る舞いは，単純なランダムウォークとは大きく異なる．ランジュバン方程式に従う粒子が，式 (6.1) で表されるような単純なランダムウォークに従うのは，質量 m を 0 にした極限だけであり，そのとき，式 (6.17) は，次のようになるので，連続極限を考えれば，式 (6.1) と一致することは自明である．

$$v(t) = \frac{d}{dt}x(t) = \frac{F(t)}{\mu}. \tag{6.18}$$

 では，ランジュバン方程式において，質量が有限の値のとき，短い時間スケールではどのようになるかといえば，変位の自己相関関数は正となり，速い異常拡散にしたがうことがすぐに確かめられる．これは，ディーラーモデルの場合の $1 > d > 0$ の状況に似ているが，変位の確率分布は，正規分布に近い分布となり，ディーラーモデルのようなベキ分布にはならない．物理的な現象を記述するランジュバン方程式と市場の価格変動には密接な関係があり，市場の価格変動の PUCK モデルにおいて時間を連続にする極限を考えると，ランジュバン方程式が導出されることがわかっている [15]．そのことを簡単に確認するために，まず，式 (6.3) の PUCK モデルにおいて，$b_2(t,M)$ 以外のポテンシャル係数をすべて 0 にし，さらに，移動平均の大きさを決める M の値ももっとも小さな値 2 とすると，PUCK モデルの方程式は，次のようになる．

$$\Delta x(t + \Delta t) = -\frac{b_2(t,2)}{2}\Delta x(t) + f(t). \tag{6.19}$$

この式を変形すると，

$$\frac{\Delta x(t + \Delta t) - \Delta x(t)}{(\Delta t)^2} = -\left(1 + \frac{b_2(t,2)}{2}\right)\frac{\Delta x(t)}{(\Delta t)^2} + \frac{f(t)}{(\Delta t)^2} \tag{6.20}$$

となり，$\Delta t \to 0$ の極限で，この式は，式 (6.17) のランジュバン方程式と一致する．ただし，$v(t) = \Delta x(t)/\Delta t$, $\mu/m = \{1 + b_2(t,2)/2\}/\Delta t$, $F(t) = f(t)/(\Delta t)^2$ とおいた．物理系におけるランジュバン方程式では，粘性係数も質量も正の値をとるが，それに対応する PUCK モデルは，$-2 < b_2(t,2) < 0$ の範囲であり，これは，先に述べたように不安定な市場のポテンシャルをもつ場合に該当する．PUCK モデルでのパラメータ領域は，物理系のランジュバン方程式よりも広く，たとえば，$b_2(t,2) < -2$ のようなバブルの状態は，粘性係数が負の状態に相当していることがわかる．

 式 (6.19) の形の PUCK モデルは，$b_2(t,2)$ が一定値の場合には自己回帰モデルとよばれている確率過程と一致し，簡単に解くことができる．また，$b_2(t,2)$ が毎時刻ランダムに変動する場合には，ランダム乗算過程とよばれる

確率過程になり，一般に変位の分布がベキ分布にしたがうことが知られている [10]．ベキ分布の指数 β は，変位の累積分布によって，次式のように定義される．

$$P(>\Delta x) \propto (\Delta x)^{-\beta}. \tag{6.21}$$

ここでの指数の値は，$b_2(t,2)$ の統計性から次のように決められる．

$$<|b_2(t,2)|^\beta>=1. \tag{6.22}$$

係数の $b_2(t,2)$ が時間とともに毎時刻ランダムに変動するのは極端な状況であるが，$b_2(t,2)$ がゆっくりと変動するような場合であっても，一般に市場価格の変位の分布はベキ分布にしたがうことが知られている．

6.6 くりこみとマクロな市場の特性

ミクロな金融市場の特性は，PUCK モデルによって記述されることがわかったが，ミクロな特性が正確に表現されているならば，そのモデルからマクロな特性も導出できるはずである．ミクロな方程式からマクロな特性を導く強力な理論解析の 1 つとして，観測するスケールを変化させるくりこみの方法がある．以下では，もっとも簡単な PUCK モデルである式 (6.19) を元にして，移動平均にもとづくくりこみを行う [7]．

くりこみを行うためには，まず，市場価格の変位の方程式をマクロな変動にも適用できるように拡張しておく必要がある．式 (6.19) は，価格の上がり下がりに関して対称であるが，価格が大きく下がると，市場価格が負になる可能性があるので，そのままではマクロなスケールでは不自然な結果を導く可能性があるからである．このような負の価格になる問題は，式 (6.19) における価格差を価格の比に置き換え，相加平均を相乗平均に置き換えて，次の方程式を導くことで回避できる．

$$\frac{X(t+\Delta t)}{X(t)} = \left\{\frac{X(t)}{X_2(t)}\right\}^{-b_2(t,2)} e^{f(t)/X(t)}. \tag{6.23}$$

ここで，$X_2(t) \equiv \{X(t)X(t-\Delta t)\}^{1/2}$ は相乗平均によって定義される移動平均である．式 (6.23) は，両辺の対数をとり，次の近似式を利用すれば，式 (6.19) と一致することが確認される．

$$X(t)\log\frac{X(t+\Delta t)}{X(t)} \approx X(t+\Delta t) - X(t). \tag{6.24}$$

バブルやインフレーションのように市場価格が大きくなるような状況を想定し，式 (6.23) においてポテンシャル係数の値を一定値とし，また，$f(t)/X(t)$ を 0 に近い値をとるものとして無視する．式 (6.23) の時間を 1 つ後ろにシフトした式をそれぞれの辺に掛け合わせて，平方根をとると，次の式が得られる．

$$\frac{X_2(t+\Delta t)}{X_2(t)} = \left\{\frac{X_2(t)}{X_2(t-\Delta t)}\right\}^{-b_2/2}. \tag{6.25}$$

ここで得られた式 (6.25) を，同様に時間をシフトして平方根をとる操作を k 回くり返すと，式 (6.25) と同じ方程式が 2^k 個の相乗平均をとった次の量に対しても成立することがわかる．

$$X_{2^k}(t) \equiv \prod_{j=0}^{2^k-1} X(t-j\Delta t)^{1/2^k}. \tag{6.26}$$

もともとの方程式，式 (6.19) はミクロな変動を記述するものだったが，このような平均操作をくり返した極限は，マクロな量の変動を表す方程式となる．すなわち，方程式 (6.25) の解が，マクロな価格変動を与えることになる．

式 (6.25) の解は，初期条件，$X^*(0)$，$X^*(\Delta t)$ に対して次のように求められる．

$$X^*(t) = X^*(0)\left\{\frac{X^*(\Delta t)}{X^*(0)}\right\}^{\frac{2}{2+b_2}\{1-(-b_2/2)^{t/\Delta t}\}} \tag{6.27}$$

この解は，$b < -2$ の場合には，時間に対して指数関数の指数関数（2 重指数関数）になり，きわめて急速な発散をする．ドイツやハンガリーのハイパーインフレのときには，市場価格が実際に 2 重指数関数的に発散した現象が観測されている [6]．また，$b = -2$ の場合には，この解は指数関数的に発散する．これもインフレやバブルではよく観測される価格の振る舞いである．と

くに，この $b = -2$ の場合には，くりこんだ市場価格の方程式 (6.25) は，マクロ経済学でよく知られたケーガンのインフレーションの理論 [2] とまったく一致する．

一方，$-2 < b < 2$ の場合には，式 (6.27) の市場価格は定数値に漸近する．このようなケースでは，価格の発散は起こらず，実際の市場価格は，ある値の近傍でランダムウォークをするような解になる．

図 6.3 に，金融市場を記述する PUCK モデルとその周辺の数理モデルの関係を示す．ここでは，紙面の都合上記載できなかったが，PUCK モデルから特殊な極限として既存の金融工学での有力なモデルである GARCH (Generalized Auto Regressive Conditional Heteroscedasticity)[1] モデルなどを導くこともできており，金融市場を記述する上での標準的な数理モデルとなり得ると期待される [7]．

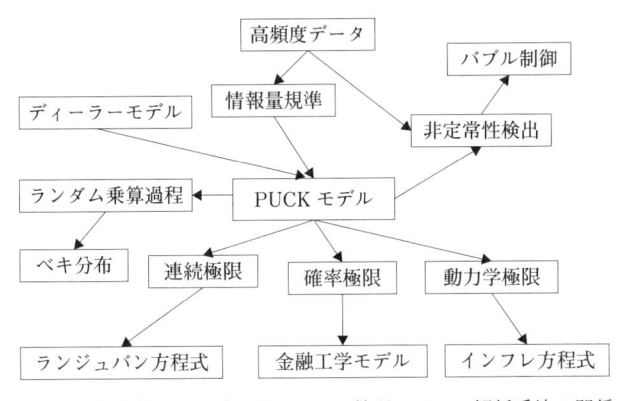

図 6.3 金融市場に関連したデータ，数理モデル，解析手法の関係．

6.7 今後の展望——非定常を扱う数理科学の必要性

このように，マクロな社会全体に影響を及ぼすインフレやバブルという現

---

1) 日本語では分散自己回帰モデルともいうが，通常は GARCH（ガーチ）とよんでいる．

象の源は，1人1人の市場参加者が，直近の過去の市場価格の変化に対してどのような応答をするのか，というきわめて普遍的なミクロな人間の行動の特性にあるということがわかった．簡単にいえば，多くの人が過去の市場価格の変化を増幅して未来の市場価格を推定するような応答をするようになると投機的な売買がバブルを形成することになる．

　過去の市場価格の変化が人々の行動になんらかの影響を及ぼすということは，きわめて当たり前のことでもあり，1人1人が自由に売買行動をとれることが保証されている自由経済の元では，それ自体を抑制することはほとんど不可能である．したがって，自由な市場で投機的な売買が行われるかぎり，バブルの発生は避けられない．しかし，だからといって，バブルを放置すべきではない．あまりに大きくなったバブルの崩壊は，単なる個人的な損得の問題だけではなく，社会全体にとってもバブル崩壊の余波のマイナス面が大きいからである．

　市場価格がバブル的な挙動を示しているかどうかは，ここで紹介したPUCKモデルなどを活用すれば，時々刻々時系列から定量的にランダムウォークからの乖離の度合いを計測することができる．このような手法を広くさまざまな価格変動のデータに適用することで，バブル的な価格上昇がどの程度広く，どれくらい長く持続しているのかを観測し，その規模が異常に大きくなってきたときには，警告を出すようなことができるはずである．警告を出しても，それにしたがわない人もいるだろうから，劇的な効果は期待できないが，それでも，バブルが過剰に大きくなる前に収束させることはできるかもしれない．

　バブルに関連して，最近の金融市場で危惧されるのが，自動売買アルゴリズムに起因するバブルとその崩壊である．最近の外国為替市場では，すでに全取引の90％以上が自動売買のアルゴリズムによる取引になっている．過去の市場価格の履歴を無視してランダムに値を付けていれば，市場はランダムウォークにしたがう価格変動をすることになり，バブルの心配をする必要はないが，自動売買のアルゴリズムは，どのアルゴリズムも，ニュースや直近の過去の市場価格の変化に敏感に反応するものになっている．売買を自動化する理由は，人間が注文を入力するよりも速く取引を行うためであり，それは，もともとは人間の特性だった市場価格のトレンドを追いかけるような特

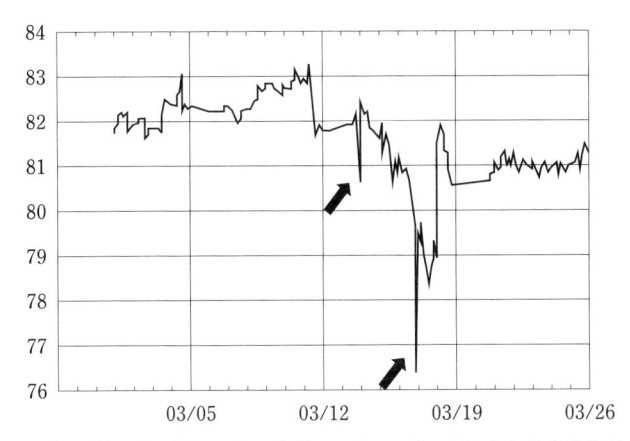

図 6.4 2011年3月のドル円レートの変動．3月11日の東日本大震災発生時よりもさらに大きなパルス的な変動（2つの矢印），フラッシュクラッシュ，が目につく．週末は取引がないためにレートは直線で結ばれている．ウィークデーの取引を継続している時間帯でも単純なランダムウォークとはかけ離れた動きが多い．

性を高速化しているわけである．したがって，自動売買が増加したら効率的な市場になるわけではなく，むしろ，ランダムウォークからの乖離がより高速になり，さらに，顕著になる可能性すらある．

図 6.4 は，2011年3月1カ月分のドル円レートである．3月11日には歴史的な災害である東日本大震災が発生したが，それ以上に目立つのは，2つの矢印で示したごく短時間での大変動である．このようなパルス的な変動は自動売買が解禁される以前には観測されておらず，フラッシュクラッシュと名づけられている．この明らかにランダムウォークとは異なる変動は，自動売買によって市場変動が過剰に増幅されたために発生した新しいタイプのバブルとその崩壊と考えられる．このような短い時間での市場価格の大変動は，いまのところ大きな問題にはなっていないが，近い将来，さらに大きな振幅になり，予想もできないような実害をもたらす危険がある．

このような自動売買が中心になった金融市場を監視するためには，時系列がそれまでとは異なる動きをしたときに瞬時に検出するような時系列解析手法が不可欠である．従来，統計的なデータ解析手法は定常的なデータを前提とする場合が多かったが，今必要とされるのは，非定常性をできるだけ少な

いサンプルデータから高速に検出するような手法である．PUCK モデルは，非定常性に挑む先駆例であるが，まだまだたくさんのデータを必要としており，さらに高速にランダムウォークからの乖離を計測できるような手法の開発が望まれる．リアルタイムの高速処理によって，バブルの発生を確認したら，バブルの発生を抑制するような注文を市場に入れてバブルの加速を抑える，などの対処方法も考えられよう．ディーラーモデルの中に自動売買ディーラーなどを入れることによって，どのようにすれば効率的に市場のバブルを制御できるかなどの研究もできるはずである．

参考文献

[1] H. Akaike, Information theory and an extention of the maximum likelihood principle, in B. N. Petrov and F. Csaki (eds.), *2nd International Symposium on Information Theory*, Akadimiai Kiado, Budapest (1973), 267–281.
[2] P. D. Cagan, The monetary dynamics of hyperinflation, in M. Friedman (ed.), *Studies in the Quantity Theory of Money*, University of Chicago Press, Chicago (1956).
[3] 和泉潔『人工市場——市場分析の複雑系アプローチ』森北出版 (2003).
[4] R. N. Mantegna and H. E. Stanley, 中嶋眞澄訳『経済物理学入門——ファイナンスにおける相関と複雑性』エコノミスト社 (2000).
[5] 松永健太・山田健太・高安秀樹・高安美佐子「スプレッドディーラーモデルの構築とその応用」,『人工知能学会論文誌』**27** (2012), 365–375.
[6] T. Mizuno, M. Takayasu and H. Takayasu, The mechanism of double exponential growth in hyper-inflation, *Physica* A, **308** (2002), 402–410.
[7] D. Sornette, 森谷博之監訳『入門経済物理学——暴落はなぜ起こるのか？』PHP 研究所 (2004).
[8] 高安秀樹『経済物理学の発見』光文社新書 (2004).
[9] H. Takayasu, H. Miura, T. Hirabayashi and K. Hamada, Statistical properties of deterministic threshold elements - The case of market price, *Physica* A, **184** (1992), 127–134.
[10] H. Takayasu, A. Sato and M. Takayasu, Stable infinite variance fluctuations in randomly amplified Langevin systems, *Phys. Rev. Lett.*, **79** (1997), 966–969.
[11] 高安秀樹・高安美佐子『エコノフィジックス——市場に潜む物理法則』日本経済新聞社 (2001).
[12] 高安美佐子「金融市場——経済物理学の観点から」, 岩波講座計算科学 6『計算と社会』第 2 章, 岩波書店 (2012).

[13] M. Takayasu, T. Mizuno, T. Ohnishi and H. Takayasu, Temporal characteristics of moving average of foreign exchange markets, in H. Takayasu (ed.), *Proceedings of "Practical Fruits of Econophysics"*, Spriger (2005), 29–32.

[14] 高安美佐子・高安秀樹「金融市場を支配する法則」,『科学』2008 年 11 月号, 1238–1241, 岩波書店.

[15] M. Takayasu and H. Takayasu, Continuum limit and renormalization of market price dynamics based on PUCK model, *Progress of Theoretical Physics Supplement*, **179** (2009), 1–7.

[16] M. Takayasu, T. Watanabe and H. Takayasu (eds.), *Econophysics Approaches to Large-Scale Business Data and Financial Crisis*, Springer (2010).

[17] K. Watanabe, H. Takayasu and M. Takayasu, Random walker in temporally deforming higher-order potential forces observed in a financial crisis, *Phys. Rev. E*, **80**, 056110.

[18] K. Yamada, H. Takayasu, T. Ito and M. Takayasu, Solvable stochastic Dealer model for financial market, *Phys. Rev. E*, **79**, 051120.

索 引

英数字

1 対 2 逆相同期解　117
2001 年 9 月 11 日　177
2 クラスター近似　88
CA　81
GARCH モデル　193
LIF モデル　132
MPA　91
OV モデル　97
PUCK モデル　174, 178, 190
SDP　80
SEIR モデル　147
Slow-in Fast-out　105
SOV モデル　99
stop-and-go　82
TASEP　85
ZRP　95

ア 行

赤池情報量規準　162, 180
アトラクタ　138
あひる解　130
暗黒の木曜日　173
安定リミットサイクル　121
アンドロノフ・ホップ分岐　121
位相　114
　——差　112, 114
　——縮約理論　41
　——振動子　114
移動平均　178
インターネットバブル　172
インフレーションの理論　193
エソロジー　29
遅い異常拡散　185
音声コミュニケーション　111

カ 行

外国為替　174
解法アルゴリズム　32
開放（開かれた）系　13, 104
カオス　184
　——ニューロン　139
化学反応ネットワーク　38
可逆分布　94
拡散パラドクス　4
拡散膜　4
拡散誘導不安定化　8
確率最適速度モデル　→　SOV モデル
確率セルオートマトン　85
確率モデル　85
確率論的現象　84
仮想市場　182
活性因子　5
活動電位　119
完全非対称単純排他過程　→　TASEP
観測モデル　157
記憶現象　43
基本図　86
既約　93
逆相同期現象　113
逆張り　186
行列積の方法　→　MPA
巨大なアメーバ　44
勤勉アリ　54
金融派生商品　172

199

空間一様性　88
くすぶり感染　154
クラス 1　119, 121, 129
クラス 2　120, 121, 129
蔵本モデル　114
くりこみ　191
グリッドロック　79
血縁度　52
決定論的現象　84
決定論モデル　84
ケラー–シーゲル方程式　74
原形質流動　33
現象数理学的手法　49
減衰型シナプス　134
興奮性　119, 121
効率的市場仮説　176

サ　行

サイズカースト　52
再生産定数　147
採択棄却法　152
最短経路　30
最適速度モデル　→　OV モデル
サドル点　124
サドル・ノード・オフ・リミットサイクル分岐　122
サドル・ノード・オン・インバリアントサークル分岐　121, 122
サドル・ノード分岐　121, 122, 125, 128
サブクリティカル・アンドロノフ・ホップ分岐　122
サブプライムローン　172
三相同期解　117
時間記憶能　36
自己駆動粒子　→　SDP
自己触媒反応　10
自己相関関数　184
自己増強過程　63
自己組織化　1
自己秩序化（自己組織化）現象　45
市場のポテンシャル力　178
システムモデル　156
自然振動数　39
自動売買アルゴリズム　194
シナプス　131, 132

——後電流　133
社会性昆虫　49
周回振動数のクラスター　42
周期性　111
周期的な環境変動　35
周期変動　37
自由相　87
渋滞学　80
渋滞吸収運転術　105
渋滞効果　74
渋滞相　87
集団挙動　34
周辺化　149
順張り　186
状況依存型役割分化　53
衝撃波解　83
詳細つり合いの式　94
状態空間モデル　158
状態遷移図　89
情報処理　27
情報表現　140
新型インフルエンザ　145
神経回路網　131
神経細胞　109
神経伝達物質　133
人工市場　182
真社会性昆虫　49
真正粘菌フィザルム　28
振動子　38
——集団モデル　39
スーパークラスター　42
スーパークリティカル・アンドロノフ・ホップ分岐　121, 122, 126
スプレッド　183
正規分布　185
静的シナプス　133
「生命知」のからくり　45
セルオートマトン　→　CA
セル–粒子モデル　69
ゼロレンジ過程　→　ZRP
遷移確率行列　91
遷移現象　117
漸近安定平衡点　115, 117, 121, 124
前頭前野　137
セントラルドグマ　27
双安定　130

走化性 73
相図 104
促進型シナプス 134

タ　行

短期的シナプス可塑性 133
単細胞生物 28
タンデム走行 65
チューリップバブル 170
超離散化 83
定常状態における粒子分布 87
定点観測 154
ディラックの δ 関数 175
ディーラーモデル 182
低レイノルズ数 33
適応性 34
デジタル化 84
電気回路 34
　　――モデル 110
テント写像 81
同期解 116
同期現象 112
投機的な売買 176
同時分布 148
同相同期現象 113
動的シナプス 133, 134
動物行動学 29
特性方程式 6
独立成分分析 112, 117
土地バブル 171
トレイル 63

ナ　行

長いすその 185
流れ作業のモデル 61
怠けアリ 54
ナルクライン 123, 130
二項分布 150
日銀の介入 184
ニホンアマガエル 111
ニューラルネットワーク 131
ニューロン 109, 118
猫楠 43
粘性係数 189

粘弾性 32
脳 109

ハ　行

排除体積効果 82
ハイパーインフレ 192
バーガースセルオートマトン 83
バーガース方程式 83
バクテリアのコロニー形成 20
バブル 187
速い異常拡散 185
パラドクス 4
汎化能力 37
パンデミック 145
反応閾値モデル 58
半倍数性 52
ヒステリシス 93
ヒトゲノム計画 3
ヒンドマーシュ–ローズ方程式 119
不安定平衡点 115, 124
フィザルムソルバー 31
フィッツフュー–南雲方程式 123
複雑系の適応現象 45
物質の運動法則 44
不妊カースト 52
フラストレーション 113
フラッシュクラッシュ 195
フーリエモード 38
分岐現象 121, 125, 127
分布関数 185
ペア近似 87
平均的な戦略 188
平均場モデル 135, 136
平衡点 114, 115
閉鎖（閉じた）系 12
ベイジアン情報量規準 181
ベキ分布 187
ベローソフ–ジャボチンスキー反応 28
ヘロドトス 43
ペロン–フロベニウスの定理 93
変形体 29
ポアズイユ流 32
ポアソン分布 150
包括適応度 52
ホジキン–ハクスレイ方程式 109

索引　201

ボックス–ミューラ法　153
ポテンシャル係数　179
ホモクリニック軌道　129

マ　行

膜電位　110
マクロ・シミュレーションモデル　146
マルコフ過程　91
マルコフ性　91
マルコフ連鎖　91
マルチエージェント・シミュレーション　145
水木しげる　43
迷路　30
メタ安定状態　93, 101
モジホコリ　28
問題解決能力　27

ヤ　行

役割分化のモデル　58
柳田国男宛書簡　44

尤度　180
抑制因子　5
予測　35

ラ　行

ランジュバン方程式　189
ランダムウォーク　175
ランダム乗算過程　190
ランダムな微小ノイズ　40
リーク付き積分発火モデル　131
利他的行動　51
リーマンブラザーズ　173
粒子セルオートマトン　83
粒子フィルタ　160
臨界密度　87
ルール　80
　——184CA　81

ワ　行

ワーキングメモリー　137

執筆者紹介 (執筆順，[ ] は担当章．*は編者)

三村昌泰*　　明治大学先端数理科学インスティチュート所長 [序章]
中垣俊之　　公立はこだて未来大学システム情報科学部教授 [第1章]
西森　拓　　広島大学大学院理学研究科数理分子生命理学専攻教授 [第2章]
友枝明保　　明治大学研究・知財戦略機構特任講師 [第3章]
西成活裕　　東京大学先端科学技術研究センター数理創発システム分野教授 [第3章]
合原一究　　理化学研究所脳科学総合研究センター基礎科学特別研究員 [第4章]
辻　繁樹　　大分工業高等専門学校電気電子工学科准教授 [第4章]
香取勇一　　科学技術振興機構研究員 [第4章]
合原一幸　　東京大学生産技術研究所教授 [第4章]
斎藤正也　　統計数理研究所データ同化研究開発センター特任助教 [第5章]
樋口知之　　統計数理研究所所長 [第5章]
高安秀樹　　ソニーコンピュータサイエンス研究所シニアリサーチャー [第6章]

編者略歴

三村昌泰（みむら・まさやす）
1941 年　生まれる．
　　　　京都大学大学院工学研究科博士課程単位取得退学．
現　在　明治大学先端数理科学インスティテュート所長．
　　　　工学博士．
主要著書　『生物の形づくりの数理と物理』（共著，共立出版，2000），シリーズ「非線形・非平衡現象の数理」[全 4 巻]（監修，東京大学出版会，2005–2006）．

現象数理学入門

2013 年 9 月 27 日　初　版

[検印廃止]

編　者　三村昌泰
発行所　一般財団法人 東京大学出版会
　　　　代表者 渡辺 浩
　　　　113–8654 東京都文京区本郷 7–3–1 東大構内
　　　　電話 03–3811–8814　　Fax 03–3812–6958
　　　　振替 00160–6–59964
　　　　URL http://www.utp.or.jp/
印刷所　三美印刷株式会社
製本所　牧製本印刷株式会社

ⓒ2013 Masayasu Mimura *et al.*
ISBN 978–4–13–062916–4 Printed in Japan

[JCOPY] 〈(社) 出版者著作権管理機構 委託出版物〉
本書の無断複写は著作権法上での例外を除き禁じられています．複写される場合は，そのつど事前に，(社) 出版者著作権管理機構（電話 03–3513–6969，FAX 03–3513–6979，e-mail: info@jcopy.or.jp）の許諾を得てください．

非線形・非平衡現象の数理 1
リズム現象の世界　　　　　　　　蔵本由紀 編　A5/3400 円

非線形・非平衡現象の数理 2
生物にみられるパターンとその起源　松下 貢 編　A5/3200 円

非線形・非平衡現象の数理 3
爆発と凝集　　　　　　　　　　　柳田英二 編　A5/3200 円

非線形・非平衡現象の数理 4
パターン形成とダイナミクス　　　　三村昌泰 編　A5/3200 円

形と動きの数理
　工学の道具としての幾何学　　　　杉原厚吉　　A5/2800 円

エッシャー・マジック
　だまし絵の世界を数理で読み解く　杉原厚吉　　A5/2800 円

応用微分方程式講義
　振り子から生態系モデルまで　　　野原 勉　　A5/3200 円

数理人口学　　　　　　　　　　　　稲葉 寿　　A5/5600 円

　　　ここに表示された価格は本体価格です．御購入の
　　　際には消費税が加算されますので御了承下さい．